愛犬が最後にくれた「ありがとう」

11の感動実話が伝える本当の幸せ

小島雅道
浄土宗西山深草派圓福寺住職

青春出版社

はじめに

数多の〝お別れ〟に立ち会ってきた住職が忘れられない「愛犬の感動実話」

早いもので僧侶として得度《とくど》して50年、住職歴は40年になります。

縁あってお寺の長男として生まれ、多感な中学生のとき、学校でただ一人丸坊主になり、なんの疑問も持たずに僧侶の道を歩んできました。

ペット供養のお寺として有名になった圓福寺とは

私は今、愛知県岡崎市にある圓福寺《えんぷくじ》の住職をしています。
ここ圓福寺は、750年以上の歴史がある、末寺《まつじ》のお寺が支える元総本山。

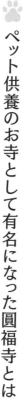

かつて僧侶になるために修行した圓福寺を、私はずっと誇りに思っていました。その圓福寺の荒廃が進み、宗派でその存続を討議した結果、檀家《だんか》もなく、少ない末寺の寄付もあきらめて復興を断念することに。建物を取り壊し、境内地《けいだい》の3分の2を売って小さなお堂に建て替えることが決まったのが、今から25年前の1997年のこと。その報告を聞いたとき、当時、京都で住職をしていた私の血が騒いだのです。

そこで一念発起。圓福寺の復興を夢見て圓福寺住職に立候補し、当選しました。それまで住職をしていた京都から、妻と生まれて間もない子どもを連れて、愛知県岡崎市の圓福寺に引っ越したのです。

入寺したときの圓福寺は一言でいうと、「ボロボロ」の状態。建物は江戸時代のまま朽ちて屋根も壊れ、雨漏りはもちろん、廊下はシロアリに食われて腐り、天井も落ちていました。近所の人からは「そこには住めないでしょう」と言われました。

思いきって住職を名乗り出たものの、「どうしたものか」と途方に暮れたことを今でもありありと思い出します。そこから3年で江戸中期の本堂の復興を完成させた顛《てん》末《まつ》は、それだけでも語るにつくせないほどのストーリーがあるためここでは省略しますが、とにかく明るいお寺にしよう、風通しのいい、空気のいい、環境のいい場所にしようと心がけてきました。

人間もペットも家族の一員

圓福寺を復興・維持させるために、私が京都にいるときから考えていたのが、「動物供養《くよう》」でした。

火葬炉と火葬場の建物を全部業者におまかせすると資金が足りず、友人の力を借りて、建物だけは自分たちで建てました。

火葬場ができたからといって、すぐにスタートというわけにはいきません。

動物霊園にはさまざまな申請と許可が必要です。なにより臭いや煙が出て、ご近所に迷惑をかけることはできません。子どもをベビーカーに乗せ、妻と一緒に同意書を持って近所の家を一軒一軒、何十軒も回り、頭を下げ、誠意を伝え許可をとりました。

そして入寺の1年後、ようやく動物霊園が動き出したのです。

圓福寺のペット葬は、普通のペット葬とはまったく違います。

動物だからといって、汚れないようにゴム手袋をはめ、汚いもののように扱うわけにはいきません。ペットも家族の一員。だから素手で持ち、丁寧に扱います。自分たちができない仕事をお坊さんが心を込めてやる姿を見て、みなさんが手を合わせてくださいます。

昔のお坊さんは、亡くなったという知らせを聞くと、近所の親戚や家族を集めてお風呂に入れたり、浄衣《じょうえ》を着せたり、手を組んで合わせてあげたりしたものです。そしてお棺に入れる納棺式や、釘を打つ式なども全部采配していました。

私は家族の一員である動物も、それと同じように徹底してやってきました。これが本当の仏教の伝統的なお葬式だと心を込めて行ってきたのです。

こうして一生懸命に徹底してやっていると、「うちのお父ちゃんより立派な葬式をしてもらった」と喜ばれるようになりました。それは少しずつ口コミで広がっていきました。「いいところがある」と圓福寺にみんな来てくれるようになったのです。

25年以上たった現在、寺離れ、墓じまい、仏壇じまい、人間の葬儀も家族葬が中心となるなか、おかげさまでペット供養を通じて県外からも、さまざまな依頼が絶えない状況となりました。

お釈迦《しゃか》様の教えに「一切衆生悉有仏性《いっさいしゅじょうしつうぶっしょう》」があります。「すべての生き物はことごとく仏となる種をいただいている」という意味です。

仏教に差別はありません。私はペット葬を、人間と同じように真心を持って大切に行っています。だからこそ月参りを1年間やりたいと、遠いところから毎月お参りに来る方も大勢おられるのです。

「愛犬が伝えてくれた大切なことに気づいた」と感謝の声が続々！

ペットのお葬式が始まる前、火葬炉前、そしてお骨上《こつあ》げのあと、私はたとえばこんな話（お説教）をさせていただいています。

私自身も数多くの動物たちと一緒に暮らし、見送ってきました。ですから、ペットも家族であり、わが子と同じだということ、そして自分よりも先に旅立ってしまうワンちゃんを見送る気持ちは、身をもってわかります。

ワンちゃんが大切であればあるほど、忘れることなどできるはずがありません。不思議な尊いご縁によって家族の一員となったワンちゃんは、飼い主さんたち家族からたくさんの恩と愛情をもらったはずです。それに対してワンちゃんは、精いっぱいの心をもってやさしい顔で見つめ、応えてくれます。しっぽを一生懸命振って、やさしい声で甘えてくれます。

これはまさに、仏教でいう心施《しんせ》、和顔施《わげんせ》、眼施《げんせ》、身施《しんせ》、言辞施《ごんじせ》にあたります（「無《む》財《ざい》の七施《しちせ》」についてはコラム105ページ参照）。

ワンちゃんはその死によって、飼い主に悲しみを与えているのではありません。命あるものは必ず老いて病になって死ぬという、生老病死《しょうろうびょうし》の姿を見せてくれているのです。

ワンちゃんが亡くなって苦しい、つらい、悲しい気持ちはわかります。でも、悲しい毎日を送るよりも、そんなにも悲しく苦しく、つらく思えるほどのワンちゃんと出会えたことの喜びを感じていただけたらと思います。

そして、**ワンちゃんがあなたにしてくれたように、やさしい顔や、やさしい目、やさしい言葉、やさしいしぐさ、やさしい心を持って、前向きな人生を歩んでいってほしい**のです。

そうでなければ、ワンちゃんは自分が死んだことによって、愛してくれた飼い主さんを苦しませてしまったと悲しむでしょう。

そんな話を長々とさせていただいています。

「住職の話を聞いて、ペットロスから立ち直れた」

「自分のせいで愛犬は亡くなったと罪悪感のなかにいたけれど、気持ちが楽になった」

「前向きに明るく生きていこうと思えた」

……など、感謝の声をたくさんいただいています。

「悲しみの涙」が「感謝の涙」に変わる

これまでたくさんのワンちゃんを送ってきました。

愛するワンちゃんとの別れはつらく、悲しいことに間違いはありません。その子を愛していればいるだけ、その思いは強いでしょう。

亡くなった原因や状況、飼い主さんのご家庭の事情やワンちゃんとの関係はそれぞれです。

信じられないような壮絶な別れ、悔やんでも悔やみきれないような別れから、心が震えるような別れまで、本当にワンちゃんの数だけ物語があると感じます。

そのときはもう立ち直れないほどの悲しみのなかにいた飼い主さんたちも、ワンちゃんとの思い出を胸に、今はみなさん、とても元気に明るく過ごされています。

もちろん、時には涙することもあるかもしれませんが、それは**悲しみや寂しさの涙ではなく、感謝の涙に変わっているの**です。

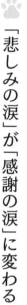

本書では、多くのワンちゃんとの別れに立ち会ってきたなかで、とくに印象に残り、今でも忘れられない11のストーリーを紹介します。

ワンちゃんたちのひたむきな愛を受けとめ、飼い主さんたちの心が少しでも明るく、温かく包まれることを願っています。

目次

はじめに
数多の〝お別れ〟に立ち会ってきた住職が忘れられない
「愛犬の感動実話」……3

Story 1
子犬が幼い兄弟に
教えてくれたこと……17

Story 2
ある不登校生と犬……25

Story 3
この子は、仏様として
あなたを導くために生まれてきた……37

Story 4
「決してうらまないでください」……51

Story 5
今日も生きてくれている
——小さな命からもらった
大きなエネルギー……65

Story 6

あの世に車いすはいらない …… 75

Story 7

夫婦の危機を救った犬 …… 87

Story 8

ペットロスと虹の橋 …… 97

Story 9
安楽死を選んだ後悔……109

Story 10
愛犬クリとの出会い……119

Story 11
ペット供養を始めたきっかけになった物語……127

付記
幸せなペット終活について
——お別れ前後に飼い主だからできること …… 135

おわりに　愛犬が教えてくれる、よりよい生き方 …… 165

Column

供養の作法 1　その子との出会いに感謝することがいちばんの供養です …… 34
供養の作法 2　法要の基本「五種正行」とは …… 61
供養の作法 3　「火葬」は光に包まれた世界へ送ること …… 83
供養の作法 4　愛犬が毎日あなたにくれたもの「無財の七施」とは …… 105

カバー・本文イラスト　セツサ チアキ
本文デザイン　岡崎理恵
編集協力　樋口由夏

Story 1

子犬が幼い兄弟に教えてくれたこと

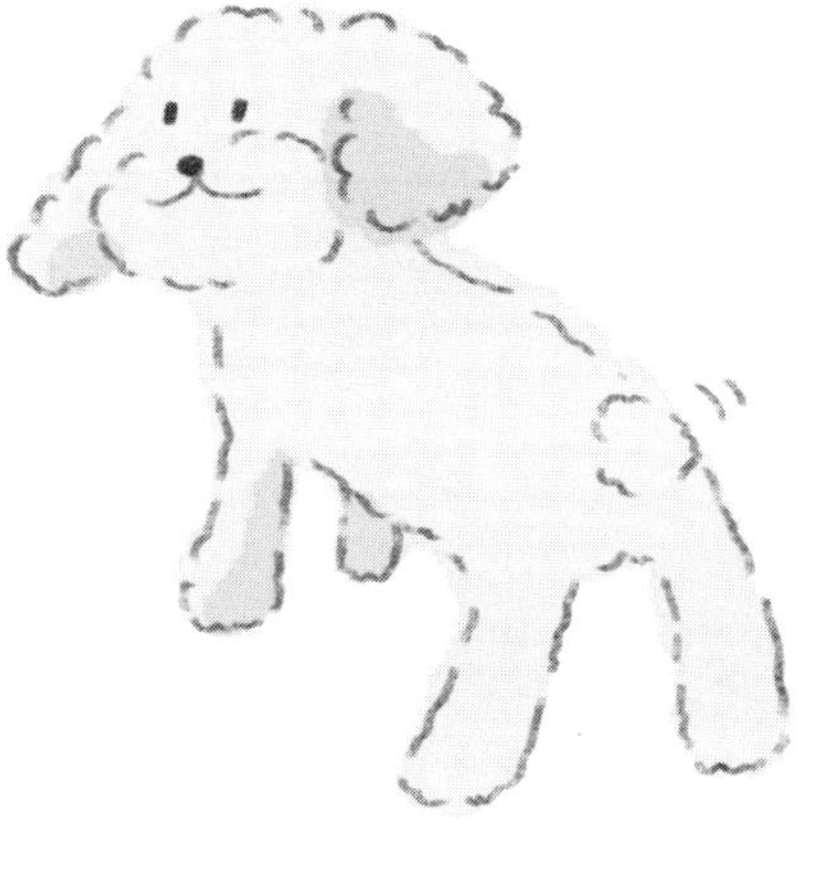

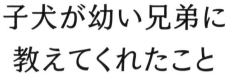

ある日、3歳と5歳の兄弟と、お父さん、お母さんの4人が亡くなったワンちゃんを抱いて圓福寺に来られました。2人の兄弟は呼吸困難になるのではないかというほど泣きじゃくっています。

ひとまず葬儀の前に、お子さんたちを落ち着かせなければなりません。何があったのか、ご両親にお話を伺いました。

小さなかわいいトイプードルのオスのワンちゃんを飼い始めたばかりだったそうです。兄弟は喜んで、抱っこしたくて仕方がありません。

まずは5歳のお兄ちゃんが抱っこします。当然、3歳の弟も抱っこしたくなりますよね。お兄ちゃんからワンちゃんを奪おうと頑張りますが、お兄ちゃんは「ダメ！」と言ってしっかりワンちゃんを抱っこして渡してくれません。大きなお兄ちゃんの力では、3歳の弟はとても太刀打ちできず、大声でケンカが始まってしまいました。

やがて取り合いはエスカレート。そしてなんと、ワンちゃんを落としてしまったのです。

高い場所から落としたわけではないのですが、打ちどころが悪く、首の骨が折れてワンちゃんは動かなくなってしまいました。

それは幼い兄弟にとって、ショックなどという言葉で表せるものではありませんでした。

「僕たちが犬を殺してしまった」

「ケンカなんかしなければよかった」

泣きじゃくる2人を見て、ご両親はかける言葉も見つからなかったそうです。

でも、とにかく亡くなった子をなんとかしなくてはならないと、私のところに電話をくださったのです。


まず、このご家族に伝えなければならないことは、「『子どもたちが抱っこしなければ、この子は亡くならなかった』と思うのは間違いだ」ということです。

人間でもそうですが、たとえばマンションのベランダからお子さんが落ちてしまっても、植え込みに落ちて奇跡的に助かったなどということがありますね。

一方で、このワンちゃんの場合は、小さなお子さんの手から落ちてしまった、それだけなのに亡くなってしまった。

これは、少し厳しい表現になりますが、そのワンちゃん自身がそれだけの生きる力がなかったということなのです。

このことを、まず、お父さん、お母さんに理解していただきます。

ご両親も「こんな幼い子どもたちに犬を渡した自分たちが悪い」とご自身を責めていらっしゃったからです。

「生きる」というのは、「生かされている」ということです。

決してお父さん、お母さんの責任ではないし、お子さんの責任でもありません。

このワンちゃん自身が**生まれてきた意味は何か**ということをよく考えましょう、ということを丁寧にお伝えしていきます。

お子さんたちにはこう言います。

「かわいいワンちゃんが亡くなって、悲しいよね、つらいよね」

お子さんたちはただただ泣いています。

「じゃあ、もし、この子が家に来なかったとしたら、どう？　こういう事故もなかったし、こんな悲しい思いもしなかったよね。でも、ワンちゃんは悲しんでいる2人を見て、どう思うかな。

『僕がこの世に犬として生まれてきて、そのせいで2人が泣いている。こんなに悲しませているなら、生まれてこなければよかった』と思っているかもしれないね。

こうして君たちを苦しめてしまったワンちゃんは亡くなったあと、どこに行くかというと、家族に苦しみを与えた罪を背負って地獄に行って、とても苦しい思いをするんだよ」

男の子2人は少し泣きやんで、びっくりした顔をします。

「今は亡くなってつらいっていうことばかり考えているかもしれないけれど、この子が来てくれたときはどう思った？　うれしかったでしょ」

「うん」と2人。

「抱っこしたときもうれしかったよね。それだけでもワンちゃんは喜びを与えてくれたんだよ。じゃあ、今、君たち2人はお父さんやお母さん、まわりの人たちに喜んでもらえるようなことができているかな」

今、悲しんで泣きじゃくっているわが子の姿を見ているご両親は、もっと苦しいし、悲しいし、代わってやることもできない。どうしてあげることもできない。お父さん、お母さんも、とても悲しいのです。

「でも、本当にいちばん悲しくて苦しいのは誰だと思う？　お父さん、お母さんかな？　それとも君たちかな？　そうじゃないよね。いちばん悲しくてつらいのは、ワンちゃんだよね」


ここまでゆっくりお話しすると、子どもたちも少し落ち着いてきます。

時間をかけてお話をしますが、現実的には、ワンちゃんをなるべく早く火葬しなければなりません。

ワンちゃんを火葬することの意味を、どんなに幼い子どもであっても理解しなければ、悲しいだけの思い出になってしまいます。

このままではワンちゃんも少しずつ腐っていってしまうこと、だからきれいな光で包んであげて、美しい姿に変えてあげようと伝えて、火葬をするのです。

お骨を拾うときに、ワンちゃんが感謝していることを喉仏《のどぼとけ》の骨を見せながら伝えます。喉仏は、まるで仏様がお衣を着て合掌している姿をしているからです（１０５ページ参照）。

「ほら、ワンちゃんも『ありがとう』って感謝しているよ」

このとき、ちょうど『鬼滅《きめつ》の刃《やいば》』が流行っていたので、それにたとえてお話もしました。『鬼滅の刃』は炭治郎《たんじろう》と禰豆子《ねずこ》が力を合わせた兄妹愛を描いている漫画で、私も大好きです。

だから、兄弟で力を合わせれば、どんな強いものにも立ち向かえるはず。

これから君たち2人は今回のことを忘れずに、炭治郎と禰豆子のようにしっかり力を合わせて立派な大人になるんだよ、と。

『鬼滅の刃』では、炭治郎と禰豆子の母は鬼に殺されてしまったあとも、心の中で生き続け、炭治郎と禰豆子が困難に遭うたびに、それを乗り越える力になってくれました。

それと同じように、**ワンちゃんの命も君たちの中で生き続けている。だから苦しいときやつらいときは、いつも支えになってもらえるようにしよう。**

ワンちゃんはずっと君たちの中で生き続けているし、困ったときに大きな力になってくれるよ、とお話しすると、2人はキラキラした目で「はい」と返事をしてくれました。

このご兄弟に、ワンちゃんの死をきっかけに仲が悪くなってほしくない、ずっと罪悪感を背負って生きてほしくありませんでした。だから、強い心を持って、前向きに生きていってほしいとお伝えしました。

お父さん、お母さんも、「ここに来てよかった」と本当に感謝されて帰って行かれました。

Story 2

ある不登校生と犬《わんこ》

ペット葬に来られる方で、ご家族に不登校のお子さんや、家から出られない方がいらっしゃるケースは珍しくありません。

理由はわかりませんが、もしかすると、お子さんのためにご家族がワンちゃんなどを飼ってあげるケースが多いためかもしれません。

動物は、ただそこにいるだけで家族を和ませてくれたり、笑顔にしてくれたりするやさしい力を持っているのです。

不登校や家から出られないお子さんは、どうしても家にいる時間が長くなりがちなので、いつもペットと一緒にいます。ですから亡くなったときは、大切な相棒を失ってしまったようで、それだけ悲しみも大きく、お寺に来られる方が多いのです。

そのなかでも印象に残っている高校生の男の子がいました。

亡くなったのはゴールデンレトリバーです。

お寺に来たのは、ご夫婦と息子さんの3人。ただ、ご夫婦が息子さんの名前を「さん」付けで呼ばれていて、会話もどこかよそよそしい感じがしました。

収骨のあと、息子さんに年齢を聞くと、高校2年生だと言います。

平日の昼間に高校生の息子さんが火葬にいらっしゃるのを少し疑問に感じ（本当はここまでの様子を見て、学校に行っていないのかな、と予想がついていました）、「今日は学校を休んだの？」と聞いてみると、下を向いて黙っています。

私はそれ以上は聞かず、まずワンちゃんの話をしました。

ワンちゃんが亡くなったことを悲しんでばかりいるけれど、君《きみ》を悲しませていちばんつらいのはワンちゃんなんだよという、いつもお伝えする話です。

彼の落ち込み方があまりにひどく、自分もあとを追いかねないような様子だったからです。「この子が死ぬくらいなら、自分が死んだほうがよかった」という彼の心の声が聞こえてきそうな状態だったのです。

聞けば、散歩も含めてお世話はすべて彼がやっていたそうです。きっとワンちゃんが心からの友だちだったのでしょう。

「このワンちゃんは言葉こそ話せないけれど、いつもいつも君を気遣ってくれていたんだよね。でも、それは、君の親も一緒だよ。いつもいつも心配して、君に幸せになってほしいと願ってくれている。そのことに気づかなければダメだよ」と、いつになく強く語りかけました。

「この子は君を心から信頼してくれていただろうし、だからこそいつも楽しく暮らすことができたよね。この子は君に、いっぱい素敵なものを遺《のこ》していってくれたね。だけど、もし今、君が死んだらどうなるの？　誰かに感謝してもらえるのかな」と問いかけました。

人が生きている上でもっとも大切なことは、どれだけ感謝してもらえるか、そして、どれだけ感謝することができるか、です。

言い換えれば、どれだけ「ありがとう」という言葉をたくさん言ってもらえるか、どれだけ「ありがとう」という言葉をたくさん伝えられるか、なのです。これで人生が決まると私は本当に思っています。

「ありがとう」をたくさんもらい、「ありがとう」をたくさん伝えられたら、素晴らしい人生であり、その人は素晴らしい人です。

ここまできて、ようやく彼に「学校に行ってないんだね」と言いました。

ワンちゃんが、育ての親である君を悲しませることがいちばんつらいことであるのと同じように、君は自分のお父さんやお母さんを悲しませてはいないの？　と問いかけてみました。

「いつもお父さん、お母さんに『ありがとう』って言えているかな？　ここまで育ててくれてありがとうって、伝えたことはある？」とさらに問いかけてみます。

彼がワンちゃんに代わって自分が死んであげたいくらいだと思っても、それはできません。代わってあげたくても代わってあげることはできないのです。

それと同じように、お父さん、お母さんも、君がどれだけつらくても代わってあげることはできないんだよ、と。

「自分自身の力でやらなきゃならないことがある。だからしっかりと歩んでいかないといけないよ」

自分は不幸だ、自分は悲しいんだ、だから自分もいなくなったほうがいいんだと思うのは、あまりにも勝手です。それは、お父さん、お母さんはもちろん、亡くなってしまったワンちゃんにとっても失礼なことでもあります。

気づけば1時間くらいお話をしたでしょうか。ここまで話しても、彼の家庭の詳しい事情は知りませんでした。

ご夫婦に、「失礼ですが、本当のお父さん、お母さんではないのですね」とお聞きすると、「住職はなんでもお見通しですね。実は妹夫婦なんです」とおっしゃいました。

実は彼は、家を継いでほしいと強く願うご両親とケンカをして家を出ていました。時を同じくしていじめに遭い、不登校になっていたのです。

たまたま近所に、お母さんの妹さんご夫婦が住んでいて、ご夫婦にお子さんもいなかったことから、一時的に彼を預かることにしたそうです。

妹さん夫婦のところには、ゴールデンレトリバーのワンちゃんがいました。そのワンちゃんが、彼の心の拠《よ》り所になっていたのです。

たしかに彼も苦しかったでしょう。お父さんやお母さんに厳しいことを言われたり、やりたくないことを押し付けられたりしたのかもしれません。それで嫌気が差して飛び出してしまった。私も寺の息子に生まれ、跡を継ぐのが宿命でしたから、その気持ちもわからなくはありません。

でも親としては、あえて厳しくしなければならないこともあります。

彼だけがつらいわけではなく、子どもに家を出て行かれ、一緒に暮らすことができなくなってしまったご両親のつらさは、いかばかりのものだったろうかと思います。

「ワンちゃんが亡くなって君は悲しんでいるけれど、ワンちゃんはもっと悲しんでいる。そして実のご両親ももっともっとつらい思いをしているはずだよ。1日たりとも君のことを忘れることなく、いつも苦しんでいるかもしれない。お父さん、お母さんの気持ちになって考えてごらん。

親やこの子（ワンちゃん）に心配をかけるようでは、この子も浮かばれないし、死んでも死にきれないよ。短い命を精いっぱい生きてくれたこの子のように、しっかりと生きなければ。ご両親に謝って、しっかりと学校に行きなさい」

いささかおせっかいなような気もしましたが、私自身の境遇に似ていたことと、彼が本当は純粋でまっすぐな心を持っていることがわかり、伝えずにはいられませんでした。

何よりこんなに一生懸命に彼を慕っていたワンちゃんの死によって、彼をますます家に引きこもらせることにしてはならない、彼の再生のきっかけにしてあげたいと思ったのです。

彼は泣きながらしっかりとうなずいて、目には輝きが戻ったようでした。

それから数年経ったある日のこと。妹さん夫婦が挨拶に来られました。

「あのときは本当にありがとうございました。あの晩、住職が言われた通り両親に謝って、高校に行くようになり、東京の○○大学（有名私立大学でした）に現役で合格したあと、今は○○という大きな会社に就職して、立派な社会人になって頑張っています。あのとき住職からお言葉をいただかなかったら、今どうなっていたかと思うと、感謝の心でいっぱいです」

と、深々と頭を下げてお礼を言ってくださいました。

驚いたのが、私の話を聞いたその日のうちにご両親のところに謝りに行ったことです。それだけ素直なお子さんだったのでしょう。

なんだか自分の子どものことのように誇らしく思える出来事でした。

そして、ワンちゃんが彼を思う気持ちにも改めて心を打たれました。ワンちゃんが自らの命を使って、彼を立ち直らせるために一役買ってくれたような気がしたのです。

ワンちゃんが、「ずっとそばにいてあげたいけれど、このままでは彼は変われない」。そう決意して彼の元を離れ、背中をそっと押してあげたのかもしれません。

きっとワンちゃんも立派な社会人になった彼のことを、大きな愛とやさしい笑顔で見守ってくれていることでしょう。

供養の作法 1　その子との出会いに感謝することがいちばんの供養です

最愛のペットを亡くされた飼い主さんは、圓福寺に泣きながらお越しになる方がほとんどです。

そして、多くの飼い主さんからよく聞くのが、

「もうこんなつらい思いは二度としたくない。犬はもう飼えない」

という言葉。こんなに悲しくて苦しいなら、ペットなんて飼わなければよかったと後悔の言葉を口にする方もいます。

そこで、祭壇の前に大切なワンちゃんのご遺体をやさしく寝かせていただき、葬儀の前にお話をします。

大切な家族を亡くされたのですから、悲しくて、つらくて、寂しいのは当然です。「もっと何かしてあげられることがあったのではないか」と自分を責める気持ちもわかります。

でも、その思いをまず横に置くということを説明します。

なぜかというと、自分が寂しく悲しく、つらく、苦しい。この4つの想いや、自分を責

める気持ちはすべて〝自分（飼い主さん）が主人公〟になっています。

お葬式では、亡くなったワンちゃんが主人公です。

自分の気持ちを優先させて「もうこんな思いは二度としたくない」と思ってしまったら、二度としたくないような思いを、愛犬がさせてしまったことになります。

仏教では、そのようなつらい思いをさせてしまったということは、かわいいワンちゃんに大きな大きな罪を着せてしまうことになるのです。

愛犬にとって、かけがえのない本当の親は、飼い主さんであるあなたです。大切な親に、悲しい思いや寂しい思い、二度としたくないようなつらく苦しい思いを与えたとしたら、どうでしょう。

ワンちゃんたちはその罪を背負って、みなさんよりも悲しく、寂しく、つらい、苦しい思いを抱えて地獄に行くしかありません。

「大切な飼い主さんにこんな思いをさせるなら、生まれてこなければよかった」と、とても悲しい思いをするのは、その子なのです。

大切な人が悲しんでいる。そうするとどうなるかというと、肉体は滅んでも魂だけでもそばにいようとします。これでは成仏《じょうぶつ》できません。極端なことをいえば、幽霊になってさまようことになる。これは決して幸せなことではありません。

二度と抱っこすることも、なでることも、ご飯を食べさせることも、散歩することもできない。「でも悲しませてはいけないから、そばにいなくちゃ」。そんな気持ちをワンちゃんに起こさせてはならないということです。

いちばん大切なことは、その子と出会えたことに心から感謝すること。

お葬式では悲しい自分の思いはいったん横に置き、出会えた喜びと感謝の気持ちを「ありがとう」の言葉に乗せてしっかりと手を合わせ、お勤めしましょう。

ワンちゃんたちだって、まだまだ今まで通りに飼い主さんのそばにいたい、甘えたいという気持ちと、みなさんを悲しませないようにそばにいなくてはいけないという2つの未練があります。この未練を断ち切るために、仏教の伝統的な儀式を、心を込めて勤めるのです。

これはもちろん、人間が亡くなったときもまったく同じ。人間も動物も変わらない、大切な儀式なのです。迷いのこの世界（娑婆）から旅立つ、言い換えるなら卒業式。区切りをつける重要な節目です。

Story 3

この子は、仏様として あなたを導くために 生まれてきた

まず、ペットが亡くなられるとお電話をいただきます。電話をいただくとき、飼い主さんが悲しみの中にいるのはもっともですが、その女性は、ちょっと様子が違います。悲しむというよりも、とても取り乱していました。なにしろ電話口で「大切なうちの子が亡くなった」と泣いて泣いて、止まらないのです。

そんなときは、「とりあえずいらっしゃい」と来ていただきます。

70代くらいの女性が、かわいらしい5歳のポメラニアンを抱っこしていらっしゃいました。来ていただいたときも泣くばかり。お葬式の説明をしようにも、何も耳に入ってこない様子です。

「私も一緒に死にたい」

そんなふうに言って泣いてばかりです。

ワンちゃんが病気で亡くなったわけではないことは、ひと目見てわかりました。

少し落ち着かれてからお話を聞くと、そんなに泣いてしまうのも仕方がないことが起こったのです。

その女性は一人暮らしをしていました。お子さんたちも巣立ち、ご主人は数年前に亡くなられ、そのあとにワンちゃんを飼われたようです。ワンちゃんをわが子のようにかわいがり、いつでも一緒でした。

その日も近所に買い物に行くところでした。すぐに帰ってくるつもりだったので、ワンちゃんを家に残していました。そのとき、うっかり玄関の鍵をかけ忘れ、ドアが少し開いた状態で出かけてしまったそうです。

買い物が終わって帰宅し、車を駐車しようとバックしたそのとき。

飼い主さんが帰ってきたと喜んで家から飛び出した大事な大事なワンちゃんを、後輪で轢《ひ》いてしまったのです……。

自分の不注意をどんなに責めても、ワンちゃんは帰ってきません。

自分のせいでこんなひどい目に遭わせてしまった、もう一人暮らしの自分が生きていても仕方ない。そんなふうに思ったのでしょう。

なんとかお葬式は終えたものの、火葬するときになって、「この子を殺してしまった罪を背負って、私も一緒に火葬してほしい」と懇願され、火葬炉から離れようとしませんでした。

私がお伝えするのは、いつも同じです。

つまり、そんなこと（飼い主さんが死んで償うこと）をしても、ワンちゃんは喜ばないということ。それよりも、出会えたことの喜びや感謝の気持ちを持つことが大切だということを丁寧にご説明します。

たしかに自分自身の手によってワンちゃんを轢いてしまったことは事実としてあります。そこだけ見ると、亡くなってしまったきっかけは飼い主さんにあると思うでしょう。

でも、ワンちゃんを轢いたのが自分の車ではなく、ほかの車であった可能性や、ほかの場所で同じようなことが起きた可能性もあります。

あるいは事故に遭ったのが、ワンちゃんではなく小さなお子さんであった可能性だってあるのです。

そして車を扱うときには慎重になること、周囲の確認を怠らないこと。これから運転する上において、ワンちゃんは身をもって大切なことを飼い主さんに教えてくれたのです。

「この子は、仏様として導くために生まれてこられたんですよ」

そうお伝えします。

それでも、「私がいけなかった」と自分を責める気持ちはすぐには収まることはありません。

ワンちゃんは基本的に、飼い主さんの役に立ちたいと願って生まれてきています。

それなのに、自分（ワンちゃん）が飛び出したことによって、最愛の家族である飼い主さんを苦しめたということになると、それがワンちゃんの大きな罪になってしまうのです。

飼い主さんが悲しんだり苦しんだりするのは、すべてワンちゃんのせい、その子がいたからということになれば、いちばん苦しむのはワンちゃんなのです。

その子がいたから苦しみや悲しみが生まれたとすれば、「そもそも飼わなければよかった」ということになってしまいます。

それよりも出会えた喜びに感謝する。一人暮らしになったその女性にとって、ワンちゃんがいてくれたことがどれだけ心の支えになったか、どれだけ笑顔になれたか、たくさんの喜びや癒やしをもらえたか。

そんな素晴らしいワンちゃんとの幸せだった日々を忘れて、二度と味わいたくないほどの大きな悲しみや苦しみをもたらしたのがワンちゃんだとすれば、それはワンちゃんに大きな罪を負わせ、地獄の底に突き落とすことになってしまいます。

それよりも、今このときワンちゃんに伝えるのは「ありがとう」の一言ではないでしょうか。

もっと長く生き、飼い主さんと楽しい毎日を送りたかったであろうワンちゃんの分まで、立派に人生を歩むということが、その子に対するいちばんの供養につながります。

なにより、一緒に死にたいと言った飼い主さんが亡くなったところで、ワンちゃんと同じところには行けません。

もし飼い主さんが罪を感じて亡くなってしまったら、ワンちゃんからすればもっとも望んでいないことをしたことになります。さらに、自分（ワンちゃん）がしたことによって、飼い主さんを死に追いやるという、さらに重い罪を負うことになり、お互いなんのプラスにもなりません。

『「自分が死ねば、天国でワンちゃんと会って、ずっと一緒にいられる』などということはない」ということを、しっかりとお伝えします。

厳しいことをいえば、飼い主さんは「自分がワンちゃんを殺してしまった」という罪と苦しみから逃れたいために死のうとしているだけです。それは結果的に、自分だけ極楽世界に行きたいということになります。

さらには、同じようなつらい経験をしている飼い主さんのお話もして、「このような経験をしている飼い主さんは、あなただけではない」ということもお伝えします。

3歳のお子さんがいる若いご夫婦のケースもそうでした。まだ1歳のトイプードルを飼っていました。

家族3人で外出する用事があり、ワンちゃんを留守番させることにしました。ワンちゃんは「一緒に行きたい」とくっついてきましたが、「すぐ帰るからね」と言い残して出かけていったのです。

その日、たまたまお風呂のお水をためたままにしておいたそうです。

でもお風呂の蓋はしっかり閉めていました。

帰宅すると、いつも玄関まで走ってきて喜んで飛びついてくるワンちゃんが出てきません。家中を探して、最後にお風呂場をのぞいたら、湯船のなかで亡くなっていたのです。

なぜ、亡くなってしまったのでしょう。

しっかり閉めていたはずのお風呂の蓋がずれて、湯船に落ちていました。

そこから予想されたのは、ワンちゃんがお風呂の蓋の上で何度も一生懸命ジャンプをしたことでした。

お風呂の小さな窓を開けていたため、飼い主さんたちに会いたくて、窓に飛びつこうと、お風呂の蓋の上で何度もジャンプしたのでしょう。そのうち、薄いジャバラのような蓋がずれて湯船に落ち、ワンちゃんは溺れてしまったのです。

「一緒に連れて行ってあげればよかった」

「お風呂の水をためておかなければよかった」

「お風呂場の扉をしっかり閉めておけばよかった」

後悔の波は押し寄せるばかりで、ご家族は自分たちを責めて責めて、苦しんでいました。そのご家族にも、「この子の存在によって苦しめば苦しむほど、この子に罪を負わせることになる」と、同じようにお話をしたのです。

こうしていろいろなケースをお話しすると、だんだん飼い主さんは納得してくださいます。

当たり前ですが、私はいつも、ワンちゃんが亡くなった状態で初めてお会いします。その子が元気だった姿を見ることもなく、初めて会うのが亡くなったときなのです。

それでも飼い主さんから元気だったときの様子を伺ったり、楽しかった思い出をお聞きしたりすることで、その子がどれだけ愛されていたか、ありありと思い浮かべることができます。

どんな亡くなり方をしても、その子が幸せだった事実は変わりませんし、思い出は消えません。

事故で亡くなったケースも含めていつも思うのは、生きる子はどんな状態でも生きるし、亡くなる子はどんな状態でも亡くなるということです。

ひどい事故に遭っても生き続ける子もいれば、「どこが悪かったの？」と言いたくなるほどきれいな状態で亡くなったワンちゃんを連れてこられることもあります。

そして事故で亡くなった多くの子に、共通してよく見られるものがあります。

これはあくまでも私の経験値ですが、事故に遭った子を火葬したあとのお骨拾いのときに、必ず黒い泥のような炭のような塊が見られることがあるのです。

実はこれは、がんが燃えたあとなのです。がんは細胞が変質した状態なので、特有の色と形をしています。

事故に遭って亡くなった子の多くががんをもっていた。これが何を意味しているかというと、この子自身の命の期間は決まっていたのではないかということです。

実は、このポメラニアンのワンちゃんにも、がんがありました。

結果だけを見ると、飼い主さんの運転によって、自分が手を下したように思われているかもしれませんが、この子自身が命の期限を決めてきた可能性があるのです。

飼い主さんにその塊をお見せして、「今回のことがなくても、この子の命はあまり長くなかったかもしれません」とお伝えします。

縁というのはそういうもので、もしかして、この子は、飼い主さんを救うために誰かの身代わりに自らの命を投げ出した可能性さえあるのです。この子が車に轢かれなかったら、後方確認を怠った飼い主さんが別の事故を起こして、誰かの命を奪ってしまったかもしれません。

ワンちゃんたちはそのようなことを本当にしてくれる存在なのです。

人生というものは、思いもよらないことが起こるものです。

ワンちゃんでも、20年近く長生きする子もいれば、病気や事故で数年で亡くなる子もいます。私たちは、**この世は無常である**ことを知っておかなければなりません。

つらい思いや苦しい思いをするということは、それだけ大きな力をいただいているということになります。

法然上人《ほうねんしょうにん》が詠まれたお歌に、

「月影の　いたらぬ里はなけれども　ながむる人の　心にぞすむ」

というものがあります。

月には凸凹があります。でも、凸凹があるからこそ、太陽の光を浴びて輝くことができます。

お月様に凸凹がなかったら、地球からは暗く見えるだけです。凸凹がなければ、光を受けても飛び散ってしまうのです。

それと同じように、人は悲しみや苦しみ、つらい思いをして凹《へこ》んだり、傷ついたり落ち込んだりするからこそ、徳の光が出てきます。

順風満帆な人生で平穏無事で暮らすのも素晴らしいですが、**傷ついたり凹んだりするからこそ、輝ける人生があります。そんな豊かな経験があれば、同じ思いで、暗く**

寂しい方たちに光を届けることができるのです。

そして**私たちは、ワンちゃんからも、見えない輝きをもらっています。**この子たちも、「そんなところにおしっこしたらダメ」「食べ散らかしたらダメ」などと、飼い主さんに怒られて落ち込むことはいっぱいあるのです。

ダメなところはたくさんあるし、トリミングしてもらったり、体を洗ってもらったり、一緒に散歩をしたら足を拭いてもらったり、してもらわなければいけないこともたくさんあります。

でも、こんなに深い愛で飼い主さんを満たしてくれるのは、太陽のような温かい愛情を飼い主さんからいっぱい注いでもらっているからですよね。

つらく寂しいとき、この子たちがどれだけ家の中を明るくしてくれたことでしょう。それは飼い主さんや家族の愛情があったからこそ、なのです。

この子たちは、自分に注がれている愛情の光を全身に受けて、まるで夜空を明るくする月のようにそれを全身で飼い主さんに跳ね返して届けてくれているのです。

Story 4

「決してうらまないでください」

人間にも医療ミスが起こることがありますが、ペットにも起こることがあります。もう10年以上も前のことですが、テレビCMにも出ていた、有名なタレント犬のお葬式をさせていただいたことがあります。

黒くてきれいな犬でしたが、連れてこられたとき、飼い主さんはとても怖い顔をされていました。何か怒っているような感じだったので理由を尋ねると、震える声で、「絶対許さない。訴える」とおっしゃいます。

ワンちゃんは非常に賢い子で、いつも背筋を伸ばしたスッとした姿でおすわりをして、じっとしていたそうです。

外での撮影も多く、硬いところに長時間座っていることも多かったため、お尻に小さなイボのようなものができてしまいました。

タレント犬でもあり、気になった飼い主さんが獣医に相談すると、「皮膚にタコができただけだから、メスで切り取って縫い合わせれば、きれいになります」と言われたそうです。

傷口も小さく、簡単な手術だということなので、お願いすることにしました。

ところが、麻酔をして手術が終わっても、ワンちゃんは二度と目を開けることはなく、息を吹きかえすことはありませんでした。麻酔でショック死してしまったのです。

私にも蕎麦《そば》アレルギーの友人がいました。信州から打ちたての生蕎麦をもらったからと、みんなでゆでて食べたとき、突然、泡を吹いて倒れ、意識不明になり、救急車で運ばれて一命を取りとめました。いわゆるアナフィラキシーショックでしたが、初めて目の当たりにしてびっくりしたことを覚えています。

麻酔でも同じように、万が一のことがあります。私は時間をかけてゆっくりと、飼い主さんに説明をしました。

それでも飼い主さんはものすごく怨《うら》んで怨んで、泣きながら「殺された！　あんなヤブ医者、絶対に許さない、怨んでやる！」とおっしゃいます。

お葬式が終わり、火葬が済んでもまだ「絶対に許さない」とおっしゃるので、「許さないという気持ちを持っていると、一生許せない苦しみを抱えたままですよ」とお伝えします。

いくら怨んでも、怨みは晴れるものではありません。たとえば医師を訴えてお金をもらったとしても、それでうれしいでしょうか。怨みは晴れるでしょうか。**苦しみや怨みというものは、すべて自分の心から生まれてくるものです**。それは、「殺された」と思っているからですよね。ですが、医師がワンちゃんを殺したわけではありません。

この子がタレント犬でなければ、無理に手術はしなかったかもしれません。テレビに出るとなれば、見た目に細心の注意を払うのも仕方のないことです。けれど、避けることができない事故もあるのです。

先生が、ワンちゃんを殺すつもりで麻酔を打つことはありません。ちゃんと体重を計って、適した量の麻酔を打ちます。それがたまたま、この子には合わなかっただけなのです。適量の麻酔で亡くなるということは、決して医師がこの子を殺したわけではなく、この子自身の宿命であった、というお話をします。

宿命は宿している命です。運命は変えることができますが、宿命は変えることができないと、私は思っています。それは、ご縁によってこの世に存在しているからです。たとえばウサギでも、診察台に乗せただけでショック死してしまったり、ワンちゃん、猫ちゃんが定期検診で採血をしただけで亡くなってしまったりするケースをたくさん見てきました。

医療ミスならまだ医師を責める気持ちも出てきますが、定期検診にいたっては、飼い主さんはワンちゃんに善《よ》かれと思ってやっています。だから、「病院に行かなければよかった」と飼い主さんは苦しむのです。

「こうしなかったら生きていた、あのときああしていれば……」のような「たられば」はありません。

この世の中はそういった不思議なことや思いもよらないことが起き、それはもうどうにもできないものなのです。

このタレント犬の飼い主さんも同じです。

お医者様を責めても、たとえ裁判をしても、この子は戻ってこないし、むなしい気持ちが残るばかりです。

「怨みに報いるに怨みをもってしたならば、ついに怨みの息《や》むことなし。怨みを捨ててこそ息《や》む」

お釈迦様の言葉です。

お医者様もきっと苦しんでおられることでしょう。お医者様には、二度とこのような悲しいことが起こらないように、そして手術を受けるワンちゃんの飼い主さんには、万が一のことがある可能性をしっかり説明して納得してもらえるようにしてもらいましょう。

許すことによって、救われるのです。

怨んでも訴えても、ワンちゃんが生き返るわけではありません。

飼い主さんにはつらい言葉ですが、イボができていたとしても、飼い主さんが手術をする選択をしないこともできたわけです。

「この子にきれいな状態でいてほしい」という飼い主さんの欲望がそうさせたとするならば、お医者様だけを責めることはできない、とも伝えます。飼い主さんがその因縁を選んだともいえるのです。

なによりお医者様だって、今回の経験によってこれからはより一層、手術で麻酔を使用する際は気をつけるでしょう。この子の死は、決して無駄にはならないのです。

「この子は本当に素晴らしい子です。あなたに愛され、タレント犬としても多くの人に愛され、人の人生を変えるほどのすごい力を持っていたんですよ。それなのに、この子の死によって人を怨んでしまったら、この子も浮かばれないでしょう。

怨みというものは、悪いエネルギーです。悪いエネルギーはこの子にも伝わります。そんなエネルギーでこの子を包んでもいいのですか。

幸せな極楽世界に行ってもらいたいと思うなら、絶対に人を怨んではダメですよ。こんなにも多くの人を喜ばせられる素晴らしいワンちゃんに出会えた喜びと感謝の気持ちでお送りしましょう」

飼い主さんは涙を流しながら、しっかりうなずいてくれました。

「そうですね。怨むのはやめます。この子のためにならないですものね。ありがとうございます」

そう言って涙を拭いて、「ありがとう、素晴らしい思い出をいっぱいくれて」と、ワンちゃんに伝えることができました。

無理な手術をしてワンちゃんが亡くなってしまったケースは、よくあります。

「こんな痛い思いをさせてまで、手術をしなければよかった。許してほしい」

飼い主さんは後悔し、自分を責めます。

でも、この子（ワンちゃん）はどう思っていると思いますか。

「手術を受けるのは嫌だな」なんて思っていません。なぜかというと、ワンちゃんのDNAの中には、「飼い主さんのことを守りたい」「飼い主さんに喜んでもらいたい」という純粋な気持ちが込められているからです。

ですから、飼い主さんが「手術を受けようね」と言えば、喜んで受けます。ワンちゃんには邪《よこしま》な気持ちが少しもないからです。本当に素直で純粋で、飼い主さんのためならなんでも喜んでするのです。

こんな小さなワンちゃんが純粋な心、大きな真心であなたを包んでくれていたということに、どうか気づいてください。

そして、これまでずっと大きな真心に包まれていたことに感謝しましょう。

一方で、獣医さんを選ぶのも、飼い主さんの大切な役目です。

今まで何万体もの火葬をしてきました。

「20歳近くの老犬を、調子が悪いからと診《み》てもらったら、がんでした。医師から勧められて手術をしましたが、体力が持たずに亡くなりました」

というような話もよくあります。

これを獣医さんのせいにされる飼い主さんは多いかもしれません。

でも、年老いたペットにメスを入れたら、その後どうなるのか、前もって獣医さんに尋ねられたのでしょうか。

たとえ一縷《いちる》の望みでもあれば手術をしたいと思う気持ちはわかりますが、冷静な判断も必要でしょう。

あなたの家族の誰かが手術が必要と言われたら、一人のお医者様の意見だけでなく、ほかのお医者様の意見も聞いて判断することもありますね。ペットにも同じようにしてほしいと思っています。

大切なペットの命を預けるのです。いろいろご相談できて、信頼できる獣医さんを選ぶことも、飼い主さんの愛情です。

供養の作法 2 法要の基本「五種正行」とは

法然上人が師と仰ぐ善導大師《ぜんどうだいし》が、「五種正行《ごしゅしょうぎょう》」を伝えてくださっています。文字通り、5種類の正純なる行であり、極楽浄土で往生するための行です。どのようなものか紹介しましょう。

①**読誦（どくじゅ）……お経を読む。**
お経を手に取って読むということ。お経をあげることです。

②**観察（かんざつ）……苦しみのない、安らかな姿を想像する。**
理科の授業などで私たちが一般的に使う観察は「かんさつ」と読みますが、仏教の言葉では「かんざつ」と濁ります。

苦しみのない安らかな姿を想像すること、その子がどんどん幸せな姿になることを観察するということです。

もちろん元気だったときのかわいい姿、素晴らしい姿を観察することも大切ですが、極楽世界に行き、美しい姿に生まれ変わっている姿を観察すること、これがとても大事な行の一つです。

③礼拝（らいはい）……尊い存在に感謝を込めて拝む。

尊い存在だと解釈して、神様仏様のように拝むということです。

④念仏（ねんぶつ）……尊い存在（仏）から念じてもらっていることに気づき、思わず感謝で手が合わさる。

念仏はみなさんよくご存じのように、南無阿弥陀仏《なむあみだぶつ》と唱えることではありません。でも「念仏」という字からわかるように、仏様が念じてくださっている。要するに尊い存在が、いつもいつも私たちのことを思ってくれていることに気づいていくということです。

⑤讃嘆供養（さんたんくよう）

……先立った方を褒め称え、出会いに感激し、その気持ちを供える。

そして最後、もっとも大切な供養が讃嘆供養です。まさに言葉の通り、本当に素晴らしいこの子に出会えたと感激し、感嘆するということです。

供養とはまさに、この一点にあるといっても過言ではありません。

出会えたことに感激し、感動し、素晴らしい子だったと褒め称え、感謝の気持ちを精いっぱいお供えすることが本当の供養なのです。

Story 5

今日も生きてくれている——小さな命からもらった大きなエネルギー

瀕死でも生きる子は生きる。そんなお話です。

「愛犬が亡くなったので、引き取りに来ていただけませんか」

そんな電話があり、お引き取りにうかがいました。かわいらしい白いトイプードルでしたが、無事に火葬、供養を終えました。

飼い主さんはとても上品な女性で、火葬のあと、いろいろお話をしてくださいました。その話を聞いて、本当に生きることの意味を考えさせられたのです。

実はそのワンちゃんは事故に遭っていました。飼い主さんの家の前で飛び出してしまい、車に跳ねられたのだそうです。内臓が飛び出し、意識もない状態。飼い主さんは泣きながら動物病院に連れて行きました。

病院では、腰の骨も砕けているし、残念だけれど、もう助からない。かわいそうだけれど安楽死を、と勧められたそうです。

ワンちゃんを見ると、ずっと目を閉じたまま。

安楽死という言葉に動揺しましたが、「わかりました」と受け入れました。

飼い主さんは末期《まつご》の水をワンちゃんに与えたいと、脱脂綿に水を含ませて、口元にチョンチョンとあてました。

すると、どうでしょう。瀕死の状態であるにもかかわらず、ワンちゃんが舌を出し、ぺろぺろとその水を飲もうとしたのです。

「この子は生きようとしている！」

そのときの飼い主さんの驚きといったらありません。

「先生、やっぱり安楽死なんてできません。この子が水を飲もうとしているのは、生きたいと思っているからです」

そして獣医さんに内臓を収めるようお願いして、お腹を縫い合わせてもらい、家に連れて帰ったそうです。

家に連れて帰ってからは、一生懸命に体をなでながら水を与え、流動食を与えました。ワンちゃんは相変わらず目を閉じたまま、横たわって体も動かせませんでしたが、水を飲んでくれます。

横たわったままなので、トイレも垂れ流しの状態。おむつを替えて介護をする日々が続きました。

「今日も生きている」

「今日も生きてくれている」

そんな毎日を繰り返し、一生懸命、お世話をする日々。

それがなんと7年間も続いたのです。そんな状態ですから、1日も留守にすることはできません。それはそれは大変だったと思います。

最初はその姿を見て、つらくなることもあったそうです。けれども、こんな状態になっても一生懸命生きようとしてくれている。ご家族には飼い主の女性とそのご主人、娘さんが4人いらっしゃいましたが、その姿に家族はみんな感動したのです。

今日も、飲んでくれる。食べてくれる。それが本当にうれしかったのです。

走り回る犬、飛びついてくる犬はもちろんかわいらしいです。でも、**ワンちゃんがそこにいてくれること、生きてくれること、それだけで誰かを幸せにできるのです。**

驚くのはここからです。

7年後、ついにワンちゃんは立ち上がったのです。動き回ることはできませんが、自分の足で立ったのです。そして、見事に18歳まで生き、天寿を全うしました。だからこそ、飼い主さんは、ちゃんと供養してあげたかった、とお話しされていました。

私は事故で亡くなったワンちゃんの葬儀の際には、エピソードとしてこのワンちゃんのお話をすることがよくあります。

瀕死の状態であっても生きる子は生きる。残念ながら亡くなってしまう子は亡くなってしまう。そのことを理解していただくためです。

ここまでもお伝えしてきたように、事故でワンちゃんを亡くしてしまった飼い主さんは、ひどく悲しみ、苦しみ、自分を責め続けるからです。その事故の原因が飼い主さんの不注意や、なんらかの行動がきっかけであった場合は、なおさらです。

「自分のせいで死んでしまった」

「自分が殺した」

「私が飼い主でなかったら、もっと長生きできた」

そんなふうに思っておられます。

でも、そうではありません。

ワンちゃんたちにも生きる力があります。そしてその力は、それぞれ違うのです。亡くしてしまったことにフォーカスするよりも、これまで生きてきた時間、一緒に過ごした時間がどれだけ輝いていたか、どれだけ笑顔にしてもらえたか、そのことに感謝する気持ちを忘れずにいてほしくて、いつもお話をしています。

何より残された飼い主さんの人生はまだまだ続きます。飼い主さんに、この先もよりよい人生を送っていただきたいと思っています。


このワンちゃんが7年の時を経て立ち上がったとき、家族中にさらに大きなパワーを与えてくれました。やはり生きるというのは、それだけエネルギーを与えてくれるものなのです。

ワンちゃんというのは、単なる愛玩動物ではありません。しゃべることはできなくても、その**小さな命から大きなエネルギーを与えてくれるのです。**

そこに気づくことがとても大切です。

なんでもないタンポポの花を見て元気をもらう人もいれば、スミレの花を見て元気をもらう人もいます。

私は小さいけれども気高い紫のスミレがとても好きです。

余談ですが、私は小学校3年生のとき、母親に連れられて、そろばん塾に行かされました。歩いて30分かかる小学校から帰ると、再び歩いて塾に行くのもつらかったのですが、いじめっ子がいたのがとくに嫌でした。

塾の行き帰りにほかのお母さんに声をかけられるのも恥ずかしく、暗い気持ちで目立たぬように歩いていると、路地から香水のようなやさしい香りがします。

誰もいないのに不思議だなあと思い、そのあたりを丁寧に探してみると、石垣の間に小さな紫色のスミレの花が咲いていました。鼻を近づけると、まさにあの香水のような香りで、驚きました。

こんな日当たりの悪い路地の石垣の、土もろくにないような隙間に、誰に見てもらえるわけでもないのに堂々と咲いて、やさしい香りを放っている。

私は自分が恥ずかしくなりました。

こんな小さな花でも、わずかな隙間で一生懸命に咲いているのに、私は母が自分のためにすすめてくれたそろばん塾に行くのを、人に見られたら恥ずかしいとか、しんどいとか、いじめっ子がいるからとか、あれこれ理由をつけて不満ばかり言っている。

それからはそろばん塾に行くのが楽しみになりました。「今日もいい香りがするかな。僕もそろばんを頑張るぞ」。おかげで、そろばんはみるみる上達しました。

圓福寺には、京都から持って来たスミレが、あちこちに咲いています。

スミレの花はとても小さく、いつも可憐に咲いて、どんなにちぎられても踏みつけられても、まるで雑草のように、根が残っていればまた生えてきます。そしてすごいのは、自分の力で種を飛ばすのです。タンポポのように風まかせではなく、生き残るために種をたくさんつくり、熟したものが弾けて飛ぶのです。素晴らしいですよね。

このように小さな植物や動物たちから、私たちが学ぶことは本当に多いものです。

逆にいえば、こうした視点を持たなければ、植物やペットなどの動物たちは、単なる慰みもので終わってしまいます。

この**地球上の生命体はすべて与えられた環境や立場の中で精いっぱい生きています。**

植物や動物は「きれいだね、かわいいね」で終わるものではありません。

たとえば大事にしていたおもちゃが壊れてしまったら、ほかのものと取り替えたり、捨ててしまったりする。でも、ワンちゃんたちはおもちゃではありません。

そのことに気づいていただくことが、私の大切な仕事だと思っています。

Story 6

あの世に車いすはいらない

車いすのワンちゃんの葬儀をしたこともあります。ヨークシャーテリアの18歳のワンちゃんで、とても長生きをしてくれました。

後ろ足に二輪の車がついているタイプの車いすです。正確にいうと、後ろ足用の歩行器のようなものでしょうか。

そのワンちゃんは散歩の途中で交通事故に遭って、後ろ足を失い、車いすになってしまったそうです。それでもこの子は生きたのです。

飼い主さんは自分の不注意のせいだと自分を責めた時期もあったそうですが、足を失っても生き続けてくれているこの子を見て、元気づけられたのだと言います。

前にご紹介した、7年間介護をされて生きたワンちゃんと同じように、普通なら死んでしまうような事故に遭ったにもかかわらず、見事に生き抜いたのです。

足を失っても、どんな状態になっても生きる子は生きるのだということを、この子からも教えてもらいました。

長生きといえば、今まで見送らせていただいたワンちゃんでもっとも長生きだったのが25歳の、これもまたヨークシャーテリアでした。

どの獣医さんに聞いても、「日本一の長老犬ではないか」と言われたそうです。

この子は白内障になっていて、目はほとんど見えなかったようです。そして、歯も全部抜けていました。ですから、もうボロボロの状態です。

最後の2年間は、ほぼ寝たきりで、立ち上がることもできない状態。飼い主さんもお世話が大変だったと思います。

「それでもこんなに長く生きてくれたのがありがたい」「素晴らしい子に出会えた」と飼い主さんはしみじみとおっしゃっていました。

何が申し上げたいかというと、ワンちゃんや猫ちゃんというのは、早く亡くなったらそれはもちろん悲しいけれど、長生きをしてくれても、思い出がたくさんあるだけにとても悲しいということです。それだけ長い時間を共に過ごしたのですから当然です。

それでも、一緒にいる時間が短くても長くても、この子と出会えたことに対する感謝と、出会えたことの尊さは同じだということをお伝えしています。

車いすのワンちゃんの話に戻りましょう。

車いすができたときは、飼い主さんの喜びもひとしおでした。

事故のあと、すぐに車いすを使っていたわけではなく、最初は下半身を引きずるようにして前足で歩いていました。だから、後ろ足に車輪をつけてもらったとき、ワンちゃんも大喜び。前足を使って元気にダーッと走っていたそうです。

飼い主さんが帰宅したときも、走って迎えてくれるようになり、ワンちゃんの純粋さに、飼い主さんも感動する毎日を送っていました。

もし人間が事故で車いすになってしまったとしたら、「もう歩くことはできないんだ」と落ち込んでしまうでしょう。

せっかく車いすができても、元気に歩く人と比べてがっかりしてしまうかもしれません。でも、この子は違います。

車いすがある、歩ける、走れることがものすごい喜びなのです。

どのように受け取るか、心を変えることができるかで、同じ出来事でもプラスに考えることができます。本当に人間がワンちゃんたちに教わることは多いですね。

話は少しそれますが、『バック・トゥ・ザ・フューチャー』などの映画で有名な俳優のマイケル・J・フォックスさんはパーキンソン病と診断され、現在はパーキンソン病の治療支援などにも取り組まれています。

彼が常に言っているのが「感謝の心さえあれば、人はポジティブに生きられる」ということ。これは、私たちがいつもお伝えしているお念仏の教えと同じです。

お念仏とは、仏様、つまり亡くなった人や亡くなった動物やご先祖様からいつも念じてもらっている、いつも自分たちのことを思ってもらっているということに気づき、感謝の心で思わず手が合わさり、念仏するということを意味しています。

ですから病気になったり、何か苦しみや悲しみに見舞われたりしたときも、感謝をすることによって人生が大きく変わってくる、そのことに気づいていくことが大切です。

ワンちゃんが再び元気を取り戻すきっかけを与えてくれた車いす。

よく聞かれるのがワンちゃんを荼毘《だび》に付すとき、「大切にしていたものや好きだったものを棺に入れてもいいのか」ということです。

このワンちゃんの場合もそうでした。

最後の数年間は足代わりとなり、なくてはならなかった車いすを一緒に棺に入れてあげたいと、飼い主さんはおっしゃいました。

こういうことはとてもよくあります。

たとえば心臓病だったから、心臓のお薬を一緒に入れてあげたい、いちばん好きだったおもちゃを入れてあげたい、散歩に使っていたリードを入れてあげたい、など。

でもこうしたお願いはすべてお断りしています。

なぜならそれらのものは「現世」のものだからです。

動物も人間も同じですが、肉体があるからこそ苦しみが生じます。もちろん、肉体があるからこそ味わえる幸せもありますが、病気になったり、年をとったりすることで、苦しみや不自由も生じます。

火葬とは、単に遺体を焼いて遺骨を拾うということではありません。

火葬をして荼毘に付すということは、美しい光となって現世でしばられていたもの

から解き放たれること。車いすを外し、薬を手放し、今まで不自由だった、苦しみであったいろいろなものから解き放たれるときなのです。

ですから、車いすが向こうに行っても必要になっては困りますし、心臓病の薬が必要になっては困るのです。

思い出の品でも同じです。思い出の品を入れてしまうと、「もっとこの世にとどまりたい」「みんなと一緒にいたい」という気持ちになってしまいます。

この世での苦しみだけでなく、喜びも楽しみもすべてから解き放たれ、この世への執着をなくすということ。そして新しい旅支度をしてあげることです。

たとえるなら、小さなお子さんを一人で旅に出すときに、

「お母さんの匂いのするTシャツを持って行きなさい」

「これ、お母さんの髪の毛だからお守りにしてね」

などと言うでしょうか。

もし本当にそんなことをしたら、ことあるごとにお母さんを思い出してホームシックになり、お母さんに会いたくなりますよね。

海外に留学するときに、日本のものをいっぱい持って行ったら日本が恋しくなりますよね。日本食をいっぱい持たせたら、「やっぱり日本がいいな、帰りたいな」となりますよね。

それではいけないよ、ということです。

この世への執着をなくし、あの世で本当に幸せに、自由に楽しくいられるようにしてあげること。それが遺された者ができることです。

供養の作法 3 「火葬」は光に包まれた世界へ送ること

お葬式が終わると、続いて火葬場の前で私たちはお経をあげます。これは、圓福寺がとても大切にしている、火葬をするための灰葬供養です。

お釈迦様は、亡くなられると火葬されました。そして、その遺骨は、世界中に分骨されています。

宗教的に言えば、ヒンドゥー教と仏教だけが火葬をします。現在では、土地の確保や衛生面から火葬が多くなっていますが、キリスト教やイスラム教、ユダヤ教、儒教も本来は火葬をしません。復活や生まれ変わるのに肉体が必要だからです。神からつくられた体に人間が手を入れてはいけないという意味も含まれています。

肉体は煩悩の根源であり、執着の拠り所です。肉体がなければ、苦しみはなくなります。病気もなく年をとることもない。肉体を維持するための食事も必要ありません。仏教では肉体がなくなるのはこれらの苦しみから解放されるということを意味します。

このことを、火葬の前にお話しします。

火葬をするとなると、どうしても目の前からワンちゃんが本当にいなくなってしまう、だからつらいと思う人がほとんどです。だからこそ、火葬することの意味をお話しするのです。

ろうそくや松明《たいまつ》は、燃えています。太陽も燃えています。炎は光の元です。

炎は光を放つもの。仏教では、炎は悪いものを清め、清浄とします。炎を光に変えて亡骸《なきがら》を包むのです。ですから、火葬は決してただ燃やすということではなく、炎を光に変えて光で包むということなのです。

火葬場では、飼い主さんの家族の、とくに小さなお子さんが「焼かないで」と泣くことがありますが、「焼くんじゃないよ、きれいな光で包むんだよ」とお伝えします。そうすると子どもたちもほかのご家族も、納得されるようです。

現実的なお話になりますが、業者さんでは、ただ火葬して燃やしてしまうだけなのです。これは、お寺でしかできないことだと思っています。僧侶の手によって火を入れることがもっとも重要な儀式なのです。

今でも、人の葬儀では、松明を模したものをお棺に投げ入れる儀式をします。闇を照らし、光で人を導く。だから命の炎を絶やさないように、ワンちゃんの命の炎が絶えないように、みんながしっかりと受け継ぐ。ワンちゃんたちが、いつもみんなの役に立ちたいと燃えるような思いで輝き続けてくれた。だから、その輝きを遺された家族が受け継いで、心の火を燃やし続け、同じような悲しみで暗く道に迷っている人々にやさしい光で導けるように輝き続けましょう、とお伝えしています。

Story 7

夫婦の危機を救った犬《わんこ》

子はかすがいと言いますが、ワンちゃんが夫婦の離婚の危機を救ったお話です。

あるご夫婦が、ワンちゃんの供養に来られました。13歳のトイプードルでした。

飼い主さんがワンちゃんを連れてこられたとき、「どんなワンちゃんでしたか？」と伺うようにしています。

このときも「かわいいワンちゃんですね。きっと、いろいろとしてくれましたね」と言いました。すると、ご夫婦はしみじみと、「そうなんです。賢い子でした」とおっしゃいます。

「今日はお子さんはいらっしゃらないのですか？」とさりげなく聞くと、「娘が2人いますが、もう結婚して遠くにいるので、今日は来られないんです。実はこの犬は、娘たちからのプレゼントでした」と言うのです。

そこからご夫婦がお話を始めました。

もともと夫婦関係がよかったわけではないそうですが、まだ娘さんと一緒に暮らしているときは、それがあまり表面化していなかったそうです。

ところが、娘さん2人が続けざまに結婚されて家を出て、夫婦2人だけの生活になると、関係が悪化していきました。

何かにつけて言い合いが始まり、ちょっとしたことでケンカになり、毎日が険悪な状態。やがてほとんど口をきくことがなくなり、冷えきった関係になっていました。当時は、離婚も考えていたそうです。

時々娘さんたちが実家に帰ってくると、ご両親がそんなふうですから、とても心配したのは想像がつきます。姉妹で話し合ったのでしょう、ある年のご夫婦の結婚記念日に、娘さんたちから子犬をプレゼントされたのです。

いきなり小さなワンちゃんが家族に加わることになり、最初はとまどいましたが、ワンちゃんが来たからには、必要なものを用意しなければなりません。

夫婦は険悪な状態のまま、2人でペットショップまで、ワンちゃんに必要なリードやペットフード、ペットシーツなどを一緒に買いに行くことになりました。

なんと、それが娘さんたちが結婚して家を出て以来、初めて2人で車に乗って出かけるきっかけになったのです。

それから、ことあるごとに車に乗せてペットに必要なものを買い出しに行ったり、なんでも2人であれこれ相談しながら出かけたりするようになりました。

そのうち、買い出しのついでに外食したり、晩ごはんの買い物をしたりするようになっていったのです。

いつの間にかワンちゃんがいることで笑顔が増え、かわいい姿を見ているとうれしくなって、今までケンカばかりしていたことが恥ずかしくなってきました。夫婦がニコニコしているとワンちゃんもニコニコご機嫌です。気づけば、子犬が来てから、まったくケンカをしなくなっていたそうです。

この子が亡くなって改めて、「この子によって本当にいろいろなことに気づかされた」「本当に私たちがバカだった。離婚の危機を救ってくれた」としみじみとお話しされていました。

そこで私は「今日、ここで『二度とケンカはしません』と誓いましょう。お互いに思いやる心を大切になさってください」とお伝えしました。

相手を思いやる心と笑顔、やさしい眼差《まなざ》し、やさしい言葉をかけ合うことを忘れずに、いつも心と心を合わせて円満に暮らしましょう、と。

話は少しそれますが、大学1年のとき、アルバイト先の社長さんに「夫婦は穴のあいた船を漕ぐのと一緒だ」と教えてもらったことがあります。夫婦にはそれぞれ役目があるのだと。

一生懸命に船を漕ぐのが夫の役目だとします。

遠い先に港が見えれば、港に向かって一生懸命に櫂《かい》を漕ぎます。

そして妻は、穴から入ってくる水を一生懸命、柄杓《ひしゃく》で外に出します。

これが、2人一緒に櫂を漕いでいたら、入ってくる水で船が沈んでしまいます。また、2人一緒に柄杓で水をかい出していたら、前に進むことはできず、港にたどり着けません。

だから、協力しながら、それぞれの役目を一生懸命にやること、それが夫婦だ、と。

本当にそうだと思いました。夫婦とは、二人三脚ではないのです。二人三脚であれば、「結婚」という細いひもで縛って息を合わさないと、まともに走ることができません。

でも、そうではなく、もともとが半身なのです。だから、お互いに心と心、体と体を一つにすることで堂々と前に進めるし、自由に振る舞えるのだということです。ハートの形を見てもそうですよね。片方ずつで一つになって初めてハートの形になります。

仏教ではあなたが左手で私が右手、あなたが左足で私が右足。そして、心と心、体と体を一つにして初めて一人前なのです。夫婦というものは、そういうもの。足りないものを補い合うのが夫婦なのです。

夫婦とは互いに協力し、補い合い、助け合うためにありますから、「言葉が足りない」「愛が足りない」「気遣いが足りない」「お金が足りない」などと、足りないことを数えてばかりではいけません。

「円満」という言葉は、仏語で欠けることなく丸く満ちていることをいいます。

葬儀では「一円相《いちえんそう》」といって、松明《たいまつ》で一つの円を描き、投げます。その一円相というまんまるの円は、角が立たない、欠け目がないことを意味します。

夫婦も本来はお互いを補い合い、まんまるになれば円満です。

ですが、ああでもないこうでもないとケチをつけ、「あれが足りない」「これが足りない」とケンカばかりしていると、あるはずのものが凹んできて、ギザギザになってしまいますね。

ギザギザハートになると角が立ち、火花が散ってしまいます。

私たちはそれぞれが素晴らしい存在ですが、欠けているところもあります。その足りないところを、おかげさまの心で補い合うことによって、円満に暮らせるのです。

相手に足りないものがあれば自分が足してあげましょう。

言葉が足りないなら「ありがとう」を先に自分から言う。もし相手にも言ってほしければ、「ありがとうと言って」と言えば済むことなのです。

気遣いが足りないと思ったら、「こういうことをしてくれると、私はうれしい」と、ちゃんと言葉で示すことです。

そして、思いやりも必要です。

たとえば相手に疲れている様子が見えたら、「肩でももみましょうか」とか、「お腹すいてる?」「喉、渇いた?」などと声をかければ、言われたほうもやさしい気持ちになっていきますね。

そんなことも、このご夫婦はワンちゃんが来たことで教えてもらったそうです。

たとえば、ワンちゃんが疲れている様子を見せたら「どうしたの?」と声をかけるし、「お腹すいた?」「喉、渇いた?」と気遣うこともできます。

「同じことを、私たち夫婦はしていただろうか?」。そう気づいたのです。

ワンちゃんを見ていると、思わず「かわいいね」「いい子ね」などと言葉をかけてしまいます。でも、夫婦の間で相手のために、やさしい言葉をかけたことがなかったことに気がつきました。

ワンちゃんと散歩をするときも一緒に楽しく歩きます。時には声をかけながら。

「こんなふうに夫婦で楽しく歩いたことなどあったかしら?」

そして、外出から帰宅すれば、ワンちゃんは玄関まで走ってきて、全身で喜びを表現してくれます。

「そんなふうに私たちは笑顔を見せ合ったことがあっただろうか?」

ワンちゃんには当たり前のようにできるのに、パートナーにはなかなかできなかったのですね。

娘たちが家を出て、家族が減ったから寂しいと思っていたけれど、そうではなかった。自分たちの心がギザギザだった。それを、ワンちゃんによってまんまるに補うことができたのです。

ワンちゃんが来てくれたことによって、純粋な愛に気づき、いがみ合っていた自分たちの愚かさ、心の貧しさに気づかされたのです。

ワンちゃんはこんなふうに純粋で無垢《むく》な心で、家族のなかの愛に気づかせてくれる存在なのですね。

Story 8

ペットロスと虹の橋

「虹の橋」というお話をご存じでしょうか。

ペットたちは亡くなると、天国の入り口にあるといわれる、虹の橋のたもとに行きます。

そこに行けば、体は元の若々しい元気な姿に戻り、食べ物も自然も豊かで、何不自由のない生活ができるということです。

ただ一つだけ、飼い主さんとは会えません。ペットたちは飼い主さんに再び会えることを、心の奥で待ち望んでいます。

そして、飼い主さんが亡くなったとき、虹の橋の前で感激の再会をし、一緒に虹の橋を渡って天国に行くという内容です。

このお話を素敵だと思われている飼い主さんがたくさんいることは知っています。

そのような飼い主さんの思いを否定するつもりはありませんが、私はこのお話を、とても誤解を招くものだと思っています。なぜなら、人間にとって都合のいい話だからです。

愛《いと》おしいペットに、もう一度会いたい。

その気持ちは、私にもあります。できるなら再び抱っこして、頬ずりして、時間を忘れるぐらいそばにいたいと思います。

でも、ワンちゃんを飼っている方はよくわかると思いますが、ワンちゃんは飼い主さんが外出しようとすると「行かないで」と悲しそうにしますね。残されるのが嫌だからです。飼い主さんが帰宅するまで、扉のところでずっと待っているワンちゃんもいます。忠犬ハチ公が飼い主を待っている姿は、涙を誘います。

以前、何年かぶりに飼い主さんに会えた犬の動画を見たことがあります。大興奮して喜んでいる姿に、思わずもらい泣きしてしまいました。

その姿を本当にわかっている飼い主さんは、犬の天国と言われるところでワンちゃんを待たせることなど、とてもできません。

もし、犬を待たせるのがつらいと思うなら、1分1秒でも早く会いに行ってあげないと、きっと不安がっている、と思ってしまいます。

なかにはワンちゃんを待たせておけなくて、自分が早く死ぬしかないと思う飼い主さんもいるかもしれません。

でも、仏教では、このようなことはあり得ないのです。

仏教の極楽世界では、差別がありません。動物も生まれ変わり、美しい姿になって、苦しみのない世界で尊い仏の教えを学び、その功徳《くどく》を飼い主さんにも施してくれます。飼い主さんが極楽に生まれたなら、また出会え、その喜びで幸せに一緒に暮らします。

私はこの教えを信じています。かわいがっていた犬や猫たちに会える喜びがあると思うと、ある意味、死ぬのが楽しみなくらいです。だからこそ後悔のないようにこの世で務めを果たし、胸を張って極楽世界にかえりたいと思っています。

「虹の橋」は欧米から一気に広まったお話のようです。欧米の人たちにとっては、虹の橋のお話はとても感動的で、多くのペットロスの人たちを救ってきたのでしょう。もちろん虹の橋のお話で救われる方がいるのもわかります。

たしかに「虹の橋で出会える」というところだけを切り取ると感動的なお話ですが、よくよく考えれば「ワンちゃんを待たせている」ことになります。私には虹の橋が、飼い主さんに会えないつらさを強いるもののように思えてしまうのです。

虹の橋には、こうした一面もあるということです。

実際、圓福寺でも、虹の橋でワンちゃんを待たせることはできないと、四十九日までしっかりお勤めをして、やれることを精いっぱいやり、終わったら自分も死のうと思っていた飼い主さんがおられました。

生きているだけでもつらい、あの子がいない世界なんて考えられない、少しでも早くあの世に行って、あの子に会いたい……そう思われていたのです。

その女性はビーグル犬を病気で亡くされ、一人でお越しになられました。

お一人で来られる女性には私も少し慎重になります。「お一人ですか?」と聞くと、「はい」と答えます。

そして、「できるだけのことをしてあげたい」と、1週間ごとの七日参りをしたいとおっしゃいました。

ワンちゃんも人間と同様に、無事に極楽浄土へたどり着けるように法要を行います。

亡くなった日から数えて7日目が初七日《しょなのか》、そこから7日ごとに二七日《ふたなのか》、三七日《みなのか》、四七日《よなのか》、五七日《いつなのか》、六七日《むなのか》、そして七七日《しちなのか》が四十九日となります。

四十九日のときに、この女性は、「もう今日で終わりですか」とたしかめるように聞き、「もっと何かできることはないですか」と尋ねられました。

「何か悩みごとがあったのでしょう」と問いかけると、

「ご住職だったらもうおわかりだと思うんですけれど、私は一人暮らしで、もう思い残すことはないし、両親もすでに亡くなっていて、この子がいなければもう楽しいことも喜びも何もありません。実は四十九日が終わったら、あとを追おうと思っていました」

と打ち明けてくれました。

七日参りでは、七日ごとに読経後にお話をしていきます。毎回、彼女はしっかりうなずいて涙を流していました。でも、七日参りの話を聞いていくうちに、心が洗われ、気持ちが少しずつ変わっていったようです。

ワンちゃんとのいい思い出はたくさんありました。

食いしん坊で、家に帰るとしっぽを痛いくらいに振って出迎えてくれる姿。寝ていると布団にもぐってきて、毎日一緒に寝ていた、そのぬくもり。楽しいときも落ち込んでいるときも、なんでもないときも、いつもお尻をくっつけて、そばに寄り添ってくれました。

供養が済んだら、死のうと思っていた。でも、こんなに幸せで、温かい気持ちにさせてくれたワンちゃんに出会えたことへの感謝へと次第に変わり、悲しみの涙が「ありがとう」の涙に変わっていきました。

「住職のお話を聞くうちに、感動でいっぱいになりました。そして、『まだ自分にもやれることがあるんじゃないか』と思えるようになりました」と言うのです。

弱い心のままでは、亡くなったこの子に申し訳ない。この子が一生懸命に生きたように、自分も頑張って生きなければいけない、と気づいていったのです。

法要の話を熱心に聞き、心から感動していたこれまでの様子から、「弟子になってみますか。お坊さんになってみる?」と聞くと、「弟子にさせてもらえるんですか」とうれしそうに答えます。そして長い髪をすぱっと剃り、弟子になったのです。

それから紆余曲折《うよきょくせつ》ありましたが、現在は、時々お寺の行事を手伝ってもらっています。もともとされていた仕事の依頼が思いのほかたくさん舞い込むようになり、前よりも忙しく、収入も増えて、いきいきと幸せに働いておられます。

供養の作法4 愛犬が毎日あなたにくれたもの「無財の七施」とは

お骨になった姿を見たときに、「こんな姿になって、骨だけになって……」と言われます。どれほど納得して火葬しても、少なからずショックを受けられる方がほとんどです。

ですが、それは肉体がなくなって、白く美しい姿に生まれ変わったということなのです。私はお骨になった姿について、かわいい爪の先から尻尾の先まで、すべて説明するようにしています。

きれいな骨、美しい骨、かわいい骨。「かわいい子は、骨になってもかわいいでしょう」とお話をします。

首にある頸椎《けいつい》の骨は、きれいな蝶々のような形をしています。あるいは、美しい天使の羽のような姿です。

そして病気や苦しみから解放された美しい姿、汚れのない清らかな尊い喉仏は、まさに成仏の姿です。仏様がお衣を着て合掌している姿をしているのです。だから「喉仏」というのです。

それはまるで、「今までありがとうございました」とこちらに手を合わせている姿。私たちをいつも拝んで感謝している尊い姿。拝まなくても拝まれていた。感謝すべきはこちらなのに、ずっと言葉にできぬ思いを抱いて、手を合わせ続けていてくれたのだとわかります。

そしてお骨拾いをしてお骨壷に納め、さらに収骨のお経をあげます。

あなたの大切なペットは毎日毎日、あなたに目に見えない施しをしてくれていました。これが「無財の七施」です。プロローグでも触れましたが、「無財の七施」とは、和顔施、眼施、言辞施、身施、心施、床座施、房舎施の7つを指し、お金のいらない施しのことをいいます。動物や植物は、私たちのようにお金を施すお布施はできません。ですから、すべて身につけている命、体を施します。

では、どんなお布施をしているのでしょうか。

動物が毎日施してくれるのは、和顔施、眼施、言辞施、身施、そして真心を施す心施です。耳を寝かせて、やさしい顔で（和顔施）、やさしい眼差しで見つめ（眼施）、やさしい声で甘え（言辞施）、やさしい仕草をしたり、しっぽを一生懸命振ったりして（身施）、どんなときも飼い主を大切に思う真心を持ってやさしい気遣いをくれる（心施）――共に喜び悲しみ、そばにいてくれたのです。

お金がなくても、ものがなくても、気持ちを行動で表し、まわりの人々に喜びを与えることができる。それが無財の七施です。

私たち人間は、ちょっと気に入らないことがあると、すぐに顔を曇らせ、眉をひそめ、目つきも顔つきも、言葉も態度も悪くなります。

肉食動物のこの子たちだって、本当は怖い顔をしたり、大きな声で私たちを威嚇《いかく》することもできますし、出した手を食いちぎることも、私たちの命を奪うこともできるのです。

それなのに、ただただ生みの親より育ての親と心から大切に思ってくれる。本当の親と慕ってくれるこの子たちは、いつもやさしい顔とやさしい眼差し、やさしい声とやさしい態度で、嘘偽りのない、裏表も駆け引きもない、真実の真心で接してくれていること。そのことに気づくことが大切です。

ワンちゃんの偽りのない真心で幸せに暮らすことができた。これからはみなさんが恩送りのようにお返しする番がやってきたということになります。

相手を思う気遣いを忘れず、いつも笑顔を忘れず、やさしい眼差しや言葉、態度で、一人でも多くの方に喜んでもらえるような尊い生き方をしていきましょう。
このようにお伝えして、一連の儀式が終わります。

Story 9

安楽死を選んだ後悔

ある日、物静かな雰囲気の女性が一人でワンちゃんを連れてこられました。雑種の中型犬でした。

そして、しめやかに火葬して納骨も済まされました。その間も静かに、黙って感謝の心で手を合わせておられました。

その後、七日参りに来られたころから、少しずつポツポツとお話をされるようになりました。

「実はこの子は、安楽死を選んだんです」

「私がこの子を殺したんでしょうか」

そうおっしゃるのです。

詳しい病気の内容はお聞きしませんでしたが、がんだったそうです。ワンちゃんはがんがあちこちに転移していて、その痛みで苦しんでいたのです。

水を欲しがるので水を飲ませてあげたいけれど、お医者さんから「水を飲ませると、もっと苦しくなる」と禁止されていたそうです。でも、転げ回って痛がる姿を見ていると、せめて水を飲ませてあげたい。

ワンちゃんが痛がりながらも水のところまで行こうとする姿を見るとつらくてつらくて涙が出て、たまらず医師に相談すると、「もう亡くなるのを待っているようなものだから、この苦しみを少しでも早く楽にさせてあげたいなら、安楽死という選択もありますよ」と言われました。

女性はすぐに決められず、ご主人に相談しました。

ご主人は普段仕事で忙しく、出張も多かったため、ワンちゃんの世話はほとんど妻である女性がしていましたが、ご主人は一言、「何をバカなことを言っているんだ」と猛反対。

それでも、ワンちゃんの苦しむ姿をずっと見ているのは女性です。やはり苦しんで鳴いている姿を見ると心が痛み、居ても立ってもいられません。

次に病院に連れて行ったとき、先生にもう一度「このままではかわいそうですよ」と諭され、女性は覚悟を決めて「先生、お願いします」と安楽死を選択されたのです。

ご主人が出張中の出来事でした。

怒ったのは出張から帰って来たご主人です。帰って来たら、ワンちゃんが亡くなっていたのですから。

「なんてことをするんだ。要するに、お前は人（犬）殺しだ」

「この子は生きていたのに、お前が殺したんだぞ」

「安楽死なんて、よくやったな」

と罵《ののし》られました。

その話を私にされながら、再びショックで泣いておられました。

私はそのとき、彼女にはっきり言いました。

「あなたは、この子を殺していません」

「私がもしこの子と同じ立場で、人間としてがんがあちこちに転移して痛くて苦しくて、もう手の打ちようがない状態で、余命いくばくもなかったら、絶対に安楽死を選びます」

もちろん、人間の場合、日本では安楽死の選択はできません。痛みを和らげる緩和ケアをすることになるでしょう。

私の父は、すい臓がんで78歳で亡くなりました。

父は元気なときから、「延命治療は嫌だ」「寝たきりにはなりたくない」と口癖のように言っていました。

日ごろから薬が好きで、胃腸薬や整腸剤などを毎日飲んでいました。かかりつけ医にも毎月通っていましたが、あるとき、血液検査でがんの疑いがあることがわかり、検査をしたところ、小さな直腸がんが見つかったのです。

かかりつけ医は「年齢も年齢だから様子を見ましょう。何かあったら内視鏡で簡単に取れますから、変調があったら来てください」と言い、そんなものかと過ごしていると数カ月して体重が減り、とても調子が悪そうです。大きな病院で検査をしたところ、すでにすい臓がんの末期でした。転移もあり、もう手術もできない状態でした。

悲しみでいっぱいになり、今さらどうすることもできず、あきらめるしかありませんでした。

「小さな直腸がんが見つかったとき、なぜ、転移を疑い、もっと精密検査をしなかったのか」

「どうしてかかりつけ医の言うことを聞いて、のんびりしてしまったのだろう」

「かかりつけ医は、なんでもっといろいろな可能性について説明してくれなかったのだろう」

さまざまな思いが駆け巡りました。

ほどなくして、父が倒れて救急車で運ばれたと連絡があり、総合病院に急ぎました。

「このままでは今晩ももたないでしょう。点滴や輸血などの処置をすれば、意識は戻ります」

医師にそう言われると、「できる限りのことをお願いします」と言うしかありませんでした。そこで、「そのままで結構です」と誰が言えたでしょうか。

私の返事を聞くと看護師さんたちはテキパキと動き、すぐに点滴や輸血が始まりました。

すると、みるみる顔色がよくなり、意識は戻りました。でも、それからが地獄のような毎日だったのです。

父は呼吸もままならず、酸素ボンベや気道を確保するための装置や栄養を入れるための点滴、心臓や血圧のための機械などが取り付けられ、二度と起き上がることができませんでした。

そのまま3カ月間、ずっと寝たきりで、食べることも話すこともできません。昼間は母が、夜は私が毎晩泊まり、いつ息が止まるかを待つだけの日々。そして3カ月後に亡くなりました。


後悔ばかりでした。

あれほど父が嫌がっていた、まさにただの延命治療をしていたのです。寝返りも、手を動かすことも、食べることも、飲むことも何もできない状態。機械の音がむなしく病室に響き、父は目を開けているときも病室の天井を見ているだけ。つらく、悲しく、自分を責めるしかありませんでした。

亡くなる日の朝、先生が「今度という今度はもうだめだね」と言われ、いたたまれず、母親を呼んだあとは情けない気持ちと苦しさで、病室をあとにして逃げてしまいました。

私でもこんな状態になってしまうのです。

今思えば、救急車で運ばれたとき、お医者様から「今、手を尽くしても治すことはできません。ただ命を長らえるだけ。二度とベッドから起き上がることはないですよ」と言ってほしかった。

静かに死を迎えようとしているのだから、家族一緒にちゃんと見送るべきでした。本当に悔しくて涙が出て、バカなことをしたと思っています。

私はこのお話を飼い主さんの女性にもしました。そしてワンちゃんがどれだけ感謝しているかをお伝えしたのです。

ワンちゃんは、最期まで手を尽くしてくれたことを本当に感謝をしているはずですし、苦しみを取り除いてくれたことを喜んでいるし、飼い主さんに会えてよかったと思っていると。ワンちゃんのお世話を続け、最期を見届けた飼い主さんが、ご主人の言葉を真《ま》に受ける必要はないのです。

後悔の気持ちが感謝へと変わり、気持ちが吹っ切れたのでしょう。

それから毎週供養に来られていましたが、そのなかで同じように供養に来られている方とお友だちになったようで、友だちができたとニコニコ笑顔で話してくださいました。

Story 10

愛犬クリとの出会い

動物が好きな私は、いちばん多いときで犬6匹、猫は23匹飼っていました。どの子も大切な家族でしたが、とくに思い入れのある子は、最初に拾ってきた、目がクリクリとしたメス犬の雑種、クリです。

今から50年以上も前の小学校3年生のとき、隣の空き地で小さな動物の鳴き声が聞こえてきたので行ってみると、木箱の中にへその緒がついたまま、目も開いていない、生まれたばかりの小さな子犬が捨てられていました。

家に連れて帰ると、母親もあわてて何とかしなくてはと、スポイトで温めた牛乳を与え、必死で育てました。おかげで元気に育ち、目がクリクリとしていたので、姉が「クリ」と名づけました。

おとなしい子で、当時はリードでしっかりつなぐ感覚もなかったので、いつも放し飼いをしていました。それでもお寺の敷地でトイレをすることもなく、本当にいい子でした。朝、夕、晩と一日3回お散歩に連れて行きましたが、リードなしでも横について歩いてくれました。

不思議なことに、クリは人間の言葉をとてもよく理解していました。

中学生のときのことです。友人が遊びに来たので、縁側に座り、喉が渇いたので冷蔵庫の牛乳瓶を持って飲み始めました。するとクリがしっぽを振って近づいてきたので、器にあけると、匂いを嗅いでその場を去ろうとしました。

せっかく自分が飲む分を分けてあげたのに、と悔しくなって、思わず「この牛乳瓶を片づけに行って帰ってくるまでに全部きれいに飲まへんかったら、もうごはんやらんからな」と怒りました。

友人は「犬に説教してもわかるわけないやろ。もう向こうに行ってしもたわ」とあきれていました。ところが、私が片づけて帰ってくると、友人が驚いています。「クリがこっちに戻ってきて、全部きれいになめて飲んだわ」と。

また、散歩の途中で公園に行くと、幼稚園児が砂場でよく遊んでいました。

子どもたちはクリのことをよく知っていて、「わー、クリちゃんが来た」と喜び、

「いつもの、見せて」

と言います。クリは、滑り台をおすわりして滑るのです。

実はクリは、滑り台を滑るのが好きなわけではありません。でも、私がクリの目だけを見て「はい、滑っておいで」と言うと、嫌そうな顔をしながらも滑り台に登ってすーっと滑ってくれました。手で合図などしなくても、言葉で伝えるだけで、自分がするべきことがわかるのです。もしも当時、今のようにSNSがあったら、このときの動画を投稿したいくらいです。きっと大人気になっていたことでしょう（笑）。

ほかにも、家族の誰かが出かけるときはいつも見送ってくれるし、迎えにも来てくれました。

当時、繁華街にあったお寺は、駅前で人通りも多く、本屋さんやスーパー、レコード屋さんなどが並んでいました。私がレコード屋さんに行くときはいつもついて来て、お店の入り口で〝ふせ〟をしてちゃんと待っていてくれました。

ある日、母が早朝に中距離バスに乗って実家に行くことがありました。いつものようにクリが母親についてくるので、バス停で「今日はもういいから、家におかえり」と言って、バスに乗ったそうです。

帰りが遅くなったので、母はバスに乗らずに電車で帰って来ました。夜10時をまわってふと気がつくと、クリがいません。「そう言えば見かけないね」とのんきにしていた私たちもさすがに心配になり、お寺のあちこちを探しましたが見つかりません。

母は顔色を変え、「もしかしたら、この寒いなか、バス停で帰りを待っているのかしら」と言うので家族で探しに向かうと、寒空の下、バス停でクリが〝ふせ〟をしてじっと待っていたのです。その時間、14時間以上です。母親は泣きながらクリを抱きしめました。

これまで母がバスで出かけることがなかったため、心配してずっと待っていてくれたのでしょう。つくづく、なんて賢い犬だろうと感心しました。しつけなどなにもしていないのに、本当にすごい犬だったと思います。

また、こんなこともありました。

私が中学生のとき、朝、目覚めると父親が「泥棒に入られた！」と大きな声で言います。見ると、寝る前に閉めたはずの玄関の扉や居間のふすまが開けっぱなしで、タンスの引き出しや物入れもすべて開けられたままです。寝ている間に、泥棒に入られたのです。

警察が来て調べてもらいましたが、幸い金目のものは盗まれませんでした。

家族は胸をなで下ろしていましたが、私は放し飼いのクリがいながら、なぜ泥棒に吠えなかったのか、とても悔しくなって、クリを呼びました。

「お寺はお参りの人が来るから、絶対吠えたり噛んだりしてはいけないと注意はしたけど、泥棒が来たときに吠えなければ、番犬として役に立たないじゃないか。おまえは、泥棒にも尻尾を振って迎えたのか。これなら、よく吠える小型犬を飼ったほうがマシだ！」

今思えば、ひどいことを言ったものです。クリは私の教えを守って、誰が来ても吠えなかったのに、今度はちゃんと吠えろと言うのですから。

でも、クリはまたも私の言葉を理解しました。その日から晩になると、門のところで誰かが来ると吠えるようになったのです。

賢かったクリは私が高校1年生のとき、フィラリアで亡くなりました。

腹水がたまり、お腹がパンパンに腫《は》れて、寒い冬の日に息を引き取りました。

当時は動物病院も薬も少ない時代です。病院に連れて行ったときにはもう末期で、手の打ちようがないと言われました。

フィラリアは、蚊を介して寄生虫が心臓や血管に寄生する病気です。

クリは、冬以外は外の犬小屋で生活していましたから、蚊に刺されることもあったのでしょう。でも、私は泥棒が来たときにクリを怒り、自分のせいで長時間外にいるようになったから、フィラリアになったのは自分のせいだと思い、今でも悪かったとずっと思っています。

最期は本当に弱っていたので、ストーブの横に毛布でベッドをつくり、お茶の間で一緒に生活をしました。

亡くなったときは父親がお経をあげてくれました。

みんなで手を合わせ、感謝の言葉を供えましたが、クリの遺体は保健所が引き取りに来ただけでした。

当時はお骨にすることもできず、単に処分するしか方法がなかったのです。

40年近くたった今も、心ない言葉を投げつけてしまったことや、もっと早く病院に行けばよかった、火葬してお骨を拾って供養してあげたかったなど、大きな後悔が残っています。

私自身のこの経験があるからこそ、飼い主さんがご自身を責める気持ちも、後悔にさいなまれる気持ちもよくわかり、その心に寄り添えるのです。

そして、大切な家族であった愛犬クリをきちんと供養してあげたかった、このときの気持ちが、のちのペット供養につながっていきました。

賢かった、そして愛おしく、かわいかったクリには、感謝の気持ちでいっぱいです。

Story 11

ペット供養を始めたきっかけになった物語

圓福寺の住職になるずっと前の話です。

繁華街の四条通から、西賀茂へお寺を移転した場所は自然豊かでしたが、犬や猫を捨てる人が多くいました。お寺だから助けてもらえると思ってのことでしょう。その子たちを拾っては育ててきたので、犬や猫が増えて30匹近くになっていました。

最初に飼ったのが、先にご紹介した賢いクリだったため、完全に犬派だった私ですが、お寺の台所の裏口に突然現れて飼い始めた猫をきっかけに、すっかり猫好きにもなっていました。

なかでもペット葬のきっかけになったのが、ちゅっちゅという名前の猫です。

ちゅっちゅは、早朝、私が本堂でお経をあげていると、ずっと静かに待っています。そしてお経が終わると待ってましたとばかりについてきて一緒に散歩するように歩き、お地蔵堂のところに来ると私の肩の上に乗ってきます。私の顔を両手ではさんでねだるので腕に抱き抱えます。すると、腕の中であおむけになって私の顔を見ながら安心して目を細めて、ごろごろ言いながら自分の肉球をちゅーちゅーと、まるで指しゃぶりをするように吸うので、「ちゅっちゅ」という名前をつけました。

そして家の玄関まで来るとおとなしく待ち、ごはんをあげるのがルーティンでした。

このころ、犬や猫がどんどん増えていったため、これ以上増えないようにと、獣医さんに相談して避妊手術や去勢手術をしていましたが、ご近所からはよく思われていませんでした。とくに猫の行動範囲は広いので、知らないうちにご迷惑をおかけしていたこともあったのかもしれません。

ある日、いつものように本堂でお経をあげていました。それまで、ちゅっちゅが地蔵堂の中にいることは一度もありませんでしたが、その日は少し隙間が開いていたのです。

おかしいと思ってぱっと開けると、ちゅっちゅが赤い座布団の上でじーっと丸くなって座っています。

「ちゅっちゅ、どうしたの?」と聞くと、か細い声でにゃあと鳴き、息もたえだえの状態でした。すぐに病院に連れて行きましたが、あっけなく亡くなってしまったのです。

ちゅっちゅだけではありませんでした。それから、次から次へと飼っていた猫が18

匹も亡くなってしまいました。原因を突き止めることはしませんでしたが、おそらく毒薬を撒《ま》かれたのだと思います。

当時、亡くなった猫たちは、土葬するしかありませんでした。お寺は山の麓に建てられていたので、大きな穴を掘り、きれいに並べて土葬をし、お経をあげました。


そのあとしばらくして、大きな犬の太郎（クリの子ども）が亡くなりました。動物が亡くなって電話をすると、クリのときと同じように保健所が引き取りに来ます。でも、もう保健所に引き取ってもらうのは嫌でした。

そうかといって、大きな犬を土葬するわけにもいきません。

「どこかに火葬をしてくれるところはないだろうか」

電話帳で調べると、よさそうな業者が見つかりました。

母と2人でその場所に行き、火葬を依頼すると、料金を先に請求されました。支払うと、山の中にある火葬炉を置いた場所に登って行き、火葬炉に太郎を入れると、入り口のフェンスを閉じて鍵を閉め、まだ15時なのに「タイマーを入れたので明日の朝

10時にお骨拾いに来てください」と帰されてしまいました。そればかりか、受付横にある小さいお地蔵様にお布施を入れるようにと要求されたのです。

さらには、高いお金を払っているにもかかわらず、お寺でもないのに供養やお墓の契約まで勧められました。

いい加減な言動に不信感が募り、太郎のお骨はきれいに拾って帰って来ました。


次にチーという愛犬が亡くなったとき、今度は別の業者に依頼しました。引き取りに来た方がとても感じがよく、お寺を見て、「ここに動物の納骨堂を建てる気はありませんか」と言われました。

ちょうど猫たちを葬った場所に、太郎の骨を納める納骨堂を建てる予定だったので、そのことを告げると、「ぜひ、費用を負担させてください。その代わり、自分のところで火葬した子たちを納骨させてください」と言われたので、協力して動物供養を始めたのです。

もちろん、反対もありました。

「犬畜生のお墓があるのは許せない」とか、「動物と一緒の土地に先祖の墓があるのが嫌だ」といった声も、当時は実際にあったのです。

繰り返しになりますが、仏教には差別はありません。山も川も草も木も、動物も、みんな尊いものです。

人間が動物を下に見て、まるでゴミと一緒のように思っていることは、とても悲しいことでした。それでも、お寺のためでもありますし、納骨堂を建てたのです。

ただ、たびたび動物の納骨があると、ほかの行事や年忌《ねんき》法要などと重なり調整が難しくなってしまいます。そこで春と秋の年2回、慰霊祭を勤め、そのときに納骨法要をすることにしました。

今でも、はっきりと覚えています。

最初の春の慰霊祭では、26件の納骨がありました。ですから、そのご家族が2、3人ずついらっしゃるとしても、50人くらいの方がお越しになるだろうと予想していました。

ところが、ふたを開けてみると、100人以上の方がお越しになったのです。つまり、ご家族が総出で、ペットの納骨にいらっしゃったのです。

あまりの多さに、法要を2回に分けたほどでした。

次の秋の慰霊祭は、前回いらっしゃった方たちが追善法要でお越しになり、新たに納骨される方を含めて200人を超えました。

結果、いつも500人を超える法要となったのです。

私はボーイスカウトのお世話をしていたこともあり、保護者の方々にもお手伝いしていただき、テントを張り、うどんやカレー、コーヒーなどの出店をしてもらい、慰霊祭はまるでお祭りのようになりました。みんな本当に喜んでくれました。

ペットも大切な家族なのだ、ペットを飼っている人たちは、後悔のないようにちゃんと供養してほしいのだ、私たちと同じ考えだったのだ。ああ、お寺でよかった。そう思うと同時に、これは真剣にやらなければならないと、このとき心に決めたのです。

ここからは「はじめに」でご紹介した通りです。

その後、圓福寺の住職に立候補し、動物供養を行うことになり、火葬炉をつくった話です。

火葬は仏教にとってとても大切です。

火は清める力があります。火は、仏教にとって大切な光です。ろうそくや松明、太陽だって、**燃えているから闇を照らし、明るくできるのです。亡くなったワンちゃんの命を美しい光で包み、光の国である極楽世界に送るのが僧侶の役目です**。言葉は悪いですが、一部の業者が行っているのは、火葬ではなく焼却ではないでしょうか。

ペット火葬を担う業者さんには、僧侶の代わりをしている重大な責任があることを知っておいていただきたいのです。

僧侶の手によってお経をあげて送ることにより、亡くなった命は光に包まれ、苦しみの根源である肉体が滅せられて、美しい骨が残るのです。

残された私たちは命を燃やし、生きる力にしていく。そのためにもペットの火葬はちゃんと行わなければならない。そう強く思っています。

付記

幸せなペット終活について

──お別れ前後に飼い主だからできること

お別れをする前、元気なうちに飼い主さんができること

ペットは話すことができません。調子が悪いことを知らせることもできません。

けれども、いつもより食欲がない、トイレの回数がいつもより多い（少ない）、元気がないなど、何かしら兆候はあります。少しでも早く気づいてあげることが大切です。

命がある限り、私たち人間も動物も、必ず死を迎えます。ほとんどの場合、ワンちゃんは、飼い主さんよりも先に亡くなります。今、かわいいワンちゃんと楽しい毎日を送っている人にとっては、ペットの死はまだ先のこと、まだ考えたくない、目をそらしたいことかもしれません。

でも、一つお伝えしたいのは、愛犬が健康な今だからこそ、元気なときから準備をしましょう、ということです。

現実的には、まだ子犬のうちから亡くなったときのための情報を集めたり、調べた

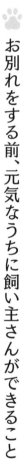

りすることはないかもしれません。ただ、いよいよ危ないというときになってから初めて調べるのでは、遅すぎます。少なくともそれよりもずっと前の段階で、霊園を調べてみたり、実際に近くまで行ったり、霊園にお参りに来ている方から評判を聞いてみたりするのもいいでしょう。時間に余裕があるときにこそ、行ってみてください。

良心的な、いい霊園を選ぶポイントはいくつかあります。

たとえば、動物保護団体に寄付をしている、ボランティア活動をしているか。これは、受付に募金箱があるか、ポスターが貼ってあることなどからわかります。

霊園をやっている方ご自身がワンちゃんを飼っているかどうかも、とても大事です。私は里親もやっていますが、やはり飼っている経験がないと、動物に本当に愛情を持ちにくいのではないかと思います。

また、火葬のときに火葬炉のところまで行って、ちゃんと立ち会えるかどうか。火葬にちゃんと立ち会って、飼い主さん自身でお骨拾いをすることが大事です。

飼い主さんが見ていないところでお骨拾いをしてもらってお骨を返してもらうので

はなく、目の前でできるかどうか。それをさせてくれるのが立ち会いです。

ちなみに「個別火葬」というと、文字通り個別で火葬してくれると思いがちです。でも、これは「個別にお骨をお渡しする」という意味であって、火葬そのものは合同で行われる可能性もあります。

なぜかというと、大型犬と小型犬なら、合同火葬しても、どちらのお骨かわかります。現実的な話をすれば、二体一緒に火葬したほうが、経費や時間、労力も助かるためです。また「個別一任火葬」も立ち会いはできません。一任する、つまり、まかせるということなので、火葬は個別でも、立ち会うことはできません。

立ち会いを希望される場合は、「立ち会い個別火葬」をしているところを選ぶ必要があります。

残り時間が少ないときの過ごし方

大切なワンちゃんが、もう命の残り時間が少ないとわかったとき。飼い主さんはそれでもできることを何かしてあげたいと思うものです。亡くなってしまったあとに「もっとこうしてあげればよかった」と後悔している飼い主さんもたくさんいます。

では何ができるのかというと、相手（ワンちゃん）の気持ちになることがいちばん大切です。

その子が苦しんでいる場合、自分だったらどうかということを考えてみましょう。

たとえばその子がだんだん弱ってきて、もうごはんもあまり食べられない、お水も飲めないというとき。

私もかつて失敗しました。愛猫のメメが亡くなる前、どんどん食べられなくなりました。メメは鯛《たい》のおつくりが大好きで、たまにごほうびであげると喜んで食べてくれたので、わざわざ鯛のおつくりを買ってきました。

それでもメメは食べてくれません。「食べなかったら死んでしまう」と、最後には細かく刻んで、嫌がっているのに無理やり、泣きながら喉の奥に突っ込んで食べさせてしまったのです。

でも、本当は水だけ飲ませて静かに見送ってあげればよかった……。人間もそうですが、食べないのは意味があるのです。ものを食べると血液は胃腸に集まり、脳に血流が届かなくなってしまいます。

その子にとっては、いちばん大事な家族との最期の時間をつくろうとしているときです。そのときに意識をはっきりさせるために、脳に血液を十分に満たしてあげないといけないのです。

明治生まれの私の母の父（母方の祖父）も、余命わずかなときには一切食べ物を口にしませんでした。水だけを静かに飲んで死を迎える。昔はみんなそうだったのではないでしょうか。もう食べても生きられないとわかれば、それを静かに受け入れていく。それが自然なのです。

花もそうですが、もうダメだと思ったら水を吸い上げることをしません。美しく咲き、時期が来たら散っていきます。そして次の世代につなげるために、タネを残します。

私はよく竹の話をします。

竹は土の下の根っこの部分でみんなつながっています。竹は自分の子どもである新しい竹を育てるために、親は一滴も水を吸いません。子どもの竹に水分を全部寄せるのです。すると1カ月ほどで大きくなります。

　そして竹が立派に育ったところで水分がなくなって、親竹は枯れ果てます。風が吹くとパーンと、なんともいえない寂しい音で割れ、枯れて土に還っていきます。わが身を捨てて次の世代を残すのです。人間もそうですよね。我が身をなげうってでも子どもを守るのが親というものです。


　話を動物の最期に戻しましょう。

　最期が近づいているときに食べるのは、その子がいちばん欲するものだけでいいですし、無理して食事をさせて、もし寿命が1、2日延びたからといって、それは延命治療と何ら変わらないのです。

　延命治療がいかにつらく苦しいかということを、理解しなければなりません。

　大切なのは、無理に命を数日延ばすことよりも、「今までありがとう」と伝える時間を持つことではないでしょうか。

ワンちゃんを膝の上に乗せて抱っこしながら、「こんなことがあったね」と話したり、「あなたが来てくれたおかげで、毎日がどんなに素晴らしかったか」「疲れて帰ってきたとき、どんなに元気をもらえたか」「嫌なことがあったとき、どれだけ愚痴を聞いてくれたか」など、たくさんほめて、たくさん話をして、ゆっくりとした時間をつくることも大切です。

調子の悪い子なら、うんちやおしっこを漏らしてしまうかもしれません。そのときはお風呂に入れてあげたり、きれいにしてあげたり、その子がいちばん喜ぶ状態にしてあげましょう。

亡くなったワンちゃんを連れて来られる飼い主さんのなかには、「ガリガリにやせて、こんなにかわいそうな姿になって……」とおっしゃる方もいますが、そうではありません。

美しい花も、やがて自然に花びらを落として自然に枯れていく。その枯れていく姿も美しいのです。だから、「こんなきれいな姿なのだと思ってあげてほしい」と私はお伝えします。

もしも体がピンピンして元気な姿のまま、今にも動き出しそうな状態で亡くなってしまったら、それもつらいでしょう。こうして、やせ衰えて亡くなっていくこと、枯れ果てて亡くなっていく姿が自然で美しいのです。

良寛《りょうかん》上人の言葉に「裏を見せ　表を見せて　散るもみじ」というものがあります。ものごとには表と裏があります。もみじは美しい表に比べて、裏側はあまりきれいではありません。人は、表のきれいなところだけ見せたいものです。でも、それらもすべてありのままに見せて、受け入れて散っていこうと語っています。

いただいた命、いただいた体をすべて使い果たして亡くなっていく姿が美しいのです。

「つらかったよね、悲しかったよね」と同情することは簡単です。

でも、そこにフォーカスするよりも、生きていたときの美しくかわいらしい姿や、どれだけ素晴らしいものを与えてくれたかということにフォーカスをしましょう。

悲しみの涙よりも、出会えたことへの感激の涙、感謝を伝えることがいちばん大切です。

看取り――家族との時間を大切に

人間もそうですが、ワンちゃんが亡くなると、悲しむ暇もなく、やることが次から次へと押し寄せてきます。

慌ててお葬式、火葬と済ませてしまい、しっかりとお別れを味わうことができないまま火葬してしまったことを後悔した、という話もよく聞きます。

亡くなってから火葬するまでの時間は、長くありません。

亡くなってからワンちゃん用のバギーに乗せて、最後にお散歩コースを一緒に歩いたとか、心ゆくまでなでてあげたという話も聞きます。もちろん時間に余裕があればそれもいいでしょう。

ですが現実的には、たとえば夏や雨の日であれば、その体はどんどん傷んできます。ましてや体を悪くして亡くなった場合は、その部分が傷んでいる可能性が高いです。

命が終わるということは、細胞が死滅していることでもあります。その時間は一気に加速します。

ゆっくり時間をつくることは難しい場合もあるのです。

だからこそ、先にお伝えしたように、いざ亡くなってから後悔のないように、亡くなる前の時間を大切に丁寧に過ごしてほしいのです。

亡くなったときには、すぐに火葬できる態勢を整え、心も整えておくことが重要です。そのためにも、ワンちゃんを飼ったそのときから、どういう形で見送ってあげたいかを考え、ある時期が来たら調べておく準備も必要でしょう。

すぐに火葬に持って行ったから冷たい飼い主だとか、失敗したなどと思う必要はありません。なぜかというと、亡骸を見られてうれしいかどうか、その子の立場、そして、ご自身だったらどうかと想像すれば、わかりますよね。

もちろん、亡くなってもその姿は美しいですが、それよりもこの子たちには、生きているときにたくさん幸せを感じてほしいと思います。

生き物を飼うということは、必ずその死を迎えるということです。そのときどうするのかをしっかり決めておきましょう。

亡くなったあとのケア

ペットが亡くなったとき、まず、どうすればいいのでしょうか。

まずは霊園などに電話をしてほしいのですが、その間に、ワンちゃんの体のケアもしておきましょう。私がお伝えしているのは、以下のようなことです。

●人よりも体が固まるのが早いので、箱にお入れになりたいときは、なるべく早く手足を曲げてあげてください。そのままにしておくと死後硬直が始まり、手足が伸びきった状態になってしまいます。
もし手足が伸びてしまっていたら、蒸しタオルで関節のところを温めながら、少しずつ力を入れて、やさしく曲げてあげましょう。

●もし体が汚れていたら、お風呂に入れたり、シャワーを浴びさせたりしてドライヤーをかけ、きれいにしてあげましょう。

口元も拭いてあげますが、亡くなると顎や口が開いてしまうので、舌をちゃんとしまってあげてください。かわいらしいリボンなどでキュッと縛って口が開かないようにしておくといいでしょう。

目が開いてしまったら、蒸しタオルでゆっくり閉じて、テープでとじてあげましょう。

●人と同じように、できるだけ右側を下にして、頭を北に、お顔を西に向けて、いわゆる頭北面西《ずほくめんさい》にしてあげてください。

●ダイオキシンの問題があるので、ビニール類、化学繊維の毛布、クッションなどは避けましょう。楽になるように首輪はゆるめて外しましょう。

●暑い時期には、体のいちばん高いところ（寝かせていたら横腹の上など）に、ビニール袋に入れた氷や保冷剤を置くなどして冷やしてあげてください。冷気は下に降りるので、お腹の下などに置かないようにしましょう。

クラッシュアイスは溶けやすいので、板氷（プレートアイス）が望ましいです。保冷剤は1時間程度で溶けてしまうので、常に交換できるようにしておきましょう。長く置かれたいならドライアイスもいいのですが、霜がついて凍ってしまうので注意が必要です。

お供え

お骨を家でお祀《まつ》りするとき、どんなものをお供えすればいいのでしょうか。

なかにはワンちゃんが好きだったおやつなどをお供えしている人もいるでしょう。

「お供え」の「供」の漢字を見てください。にんべんと「共」つまり、「人が共に」と書きますね。つまり、お供えとは、人が一緒にいただけるものということになります。

ワンちゃんしか食べられないようなおやつやペットフード、ペット用の缶詰など、それを下げたら一緒に私たちがいただくことができるか、ということを考えてみてください。

ワンちゃんも人間でも、みんな同じ、神様、仏様のように尊い存在です。

お供えものは下から上にお供えするわけですから、下げるときはお下がりをいただくことになります。だから、**「下げて食べられないものはお供えものではない」**というのが基本です。

仏教ではお供えものにはいい香りのものがいいといわれています。お線香もその一つ。お花など香りのいいものをお供えするだけで幸せなのです。

また、火葬の際に棺に入れるお供えについては、Ｓｔｏｒｙ６の車いすの話でご紹介したように、おもちゃや、よく飲んでいたお薬、リードなど「現世」にまつわるものは入れないほうがいいでしょう。

葬儀のときには、一膳飯のように、少しだけ食べ物をお供えするのはいいのですが、「生前あまり食べられなかったから」と山盛りのご飯を供えたり、旅立つときに持たせてあげようというのは間違いです。

人間の場合も、もともと六文銭《ろくもんせん》を持たせるだけで食べ物は持たせません。空腹で苦しむことのない、食べ物がいらない世界に行かないといけないからです。

以前、段ボール箱いっぱいのお菓子や食べ物を火葬炉に入れようとした飼い主さんがいらっしゃいました。もっともっと持たせてあげたい、と思ってしまうのでしょうね。

ただ、四十九日まではこの世からあの世に行くまでの中間ですから、下げて食べられるごはんやお味噌汁、おかずなどをお供えします。これは人間も動物も同じです。

これを霊供膳《れいくぜん》といいます。

四十九日が済めば、それ以降は「お下がりをいただく」ことになりますから、おいしいお菓子や果物を仏様にお供えして、下げてからいただいてもいいのです。

お墓について

圓福寺は、入り口の門に動物霊園とわかりやすく表札をかかげています。ペットのお墓があるからです。

個別で火葬された方で、「家にお骨を持ち帰ると粗末にしてしまう」とおっしゃる方がいます。また、家に持ち帰っても置く場所がない、仏壇がない、供養をちゃんとできない、という声も聞きます。

私が「(あってはならないことですが)もし、ご主人やお子さんが亡くなられたら、お骨を持ち帰れないからと、火葬したあとすぐにお墓に納められるのですか」と伺うと、ほとんどの方が「いや、それは人間と動物は違うでしょう」と返されます。

実は、動物霊園の大きな収入の一つに、お墓の契約があります。芝生の上に小さなプレートを置くだけのものや、室内でカラフルなロッカーを並べたようなものもあります。「3年間だけでも、ちゃんと供養されたらどうですか」と言われれば、悲しみに暮れた飼い主さんたちは納得してすぐに契約してしまうでしょう。

圓福寺でも個別のお墓や納骨壇は用意がありますが、契約したいと言われても、「ご負担をかけるつもりはありませんが、1年間だけでも、それが難しければ四十九日だけでもおうちでお世話してあげてください」と申し上げます。

そして、今はペットと一緒にお墓に入るためにずっと置いておかれる方も多いのですよ、と説明します。私自身も、飼っていたワンちゃんのお骨を、長い子では25年以上置いています。自分が死んだら、一緒にお墓に入れてもらうためです。

わざわざペットのお墓を契約する必要はありません。

考えてみてください。たとえご両親のお墓であっても、年に1、2回お墓参りをする程度ではありませんか？　そのためにお墓は必要でしょうか。最近は人間だって墓じまいをして、お墓を維持するのが大変なのですから、ペットも同じです。

圓福寺でも、ペットで個別のお墓にされた方の場合、近所ならば最初のうちは毎日のように来られますが、そのうちだんだん来られなくなり、年に2回程度になってしまいます。

「ああ、お墓参り行かなくちゃ」「ずっと行ってあげていない」などと負担に思うくらいなら、自分の身近に置いて、いつでも手を合わせられるほうが、どんなにいいでしょう。

個人のお墓は、そこのおうちの方が来られない限り、誰も手を合わせてくれません。

家族がお参りに来られないお墓は、寂しいものです。そんな寂しい場所ができるのは、たとえ管理料や供養料が収入につながったとしても、私は嫌なのです。そもそも、お金儲けで始めたわけではないからです。

ですからお墓をつくりたいと言われても、ゆっくりと考える時間をもってもらって、契約しないようにすすめています。

先日、80歳くらいの高齢夫婦が来られて、奥様がお話をされました。

ワンちゃんが亡くなったとき、ご主人はもう生きていけないほどがっかりして泣いてばかりいたけれども、お骨が手元にあるおかげで、今では毎日手を合わせて、お水を供えています、と。**「この子が見ててくれるから、恥ずかしくないように生きよう」**とおっしゃっているそうです。

「元気で頑張るよ」とワンちゃんに報告している姿を見て、「住職さんの言われる通り持ちかえって本当によかった」と安堵《あんど》されていました。お骨が手元にあってよくないということは一切ないのです。

思いを引きずるのではなく、「忘れない」こと

「いつまでも思いを引きずっていては、この子が成仏しないから納骨したい」と相談に来られる方が時々いらっしゃいます。「いつまでもお骨が手元にあっては、この子も浮かばれないから」などとおっしゃるのです。

「思いを引きずる」のではなく、心の中で生かし続けることが私たち人間にはできます。楽しく美しい思い出は、心の大きな支えになります。

また、ペット葬儀会社や霊園のなかには、「四十九日までに納骨しましょう」とすすめることもあるようです。

四十九日までに納骨しなければならない決まりはありません。

悲しみを引きずってはいけない、あまり未練を残さないように、と納骨をしようとする方や納骨をすすめる方に申し上げたいのは、「寂しい、悲しいという気持ちは引きずらないほうがいいですが、思い出は引きずってもいい」ということです。

納骨し、写真も片づけ、忘れることが供養になるのなら、思い出してもらえないその子はどんな気持ちでしょう。

私たちは、思い出だけで、本当に幸せに生きることができます。

ワンちゃんたちにとって、本当にかけがえのない家族は、飼い主さんたちご家族しかありません。

だから家族のことを本当に大切に思うし、嘘偽りのない、駆け引きや打算も裏表もない、純粋無垢な心で私たちを包んでくれるのです。

だからこそ、お骨を見ては感謝の気持ちを持ち、心の汚れを取って、「この子たちのように美しく生きます」と誓うのです。

「引きずる」のではなく、「忘れない」ことが大切です。

本来、お骨をどうするかについては、霊園側がすすめるべきことではありません。お骨を手元に置くかどうかは、ご家族がいちばん心安らぐ方法は何かを考えて選択しましょう。

お骨のあるなしとは関係なく、私たちは写真1枚でもあれば、思い出が蘇ってきますし、こんな素晴らしい思い出があった、この子と会えてよかったと思えます。そんな出会いにこそ感謝しましょう。

ペットロスについて

最愛のペットを失ったら、誰でも悲しくつらいものです。

ただ、「ペットロス」という言葉には少々違和感を覚えます。なぜなら、「Story8 ペットロスと虹の橋」でもふれたように、そのペットにとっては、大好きな飼い主さんに「あなた（ワンちゃん）のせいで心がつらくて病気になった」と言われているようなものだからです。

たしかに急に亡くなったらショックを受け、あたふたし、落ち込んだり悲しんだりするでしょう。だけど、そういうときこそ我に返らなければなりません。

人間だって急に心臓が止まったり事故に遭ったりする可能性があります。どこかで心構えをしていないといけません。後悔のないように毎日を過ごさなければ、と私も思っています。

これを「覚悟」といいます。

覚悟とは、目覚めて悟るということです。

「ここで終わりになってもいい」という覚悟で、後悔のないように生きる。そのあたりは、私はお寺で学べてよかったと思っています。

ペットロスに陥らないためには、普段から覚悟をしておくことです。そうすれば、冷静な判断ができるのです。これは人間の場合もまったく同じです。

亡くなったワンちゃんに対して飼い主さんが最後に抱くのは、やはり感謝の気持ちでしょう。

大事な子が亡くなったのですから、もちろん悲しみやつらさはありますが、なぜ悲しくつらいのかといえば、愛おしく、大切な存在だからですよね。

そこまで悲しくつらくなるほどに愛おしく、大切な存在に思えるものと出会えたことが奇跡ではないでしょうか。そんな存在に出会えることが、人生に何回あるでしょう。

ワンちゃんがあなたの家に来たことは、ご縁です。こんなにも美しい出会い、尊い出会いがあったということ。

失ったら、苦しくてつらくて、涙が次から次へとあふれるほどの子に出会えたということに気づけば、「ありがとう」の言葉しか出てきません。

単に「亡くなった」という、この一点にフォーカスしてしまうと、これまでの素晴らしい毎日をすべて無駄にしてしまうことになる、ともいえるのです。

幸せは求めても得られない。幸せは気づくことです

ペットの火葬を始めたころは、たいてい職業別電話帳で調べて問い合わせがありました。ですので、お寺の名前を前面に出していても、「お葬式はいらない、火葬だけでいい」と言われることも多々ありました。「お葬式がなければ金額が変わるだろう」

と言われることもありました。

ペット供養を始めたもう一つの思いは、もっと仏教のよさを知ってほしいと思っているからです。お葬式はいらない、お経は無駄、火葬だけでいいと思われるのは、食わず嫌いと同じだと思っています。本当のちゃんとしたお葬式を味わえば、決して無駄とは思わないはずなのです。

2500年の歴史を持つ仏教に、法然上人が浄土宗《じょうど》を開かれて850年。今日まで続いてきたことに、私は大きな自信があります。

お寺は、昔から生き物を大切に供養してきました。放生会《ほうじょうえ》、魚供養やウナギ供養、海施餓鬼や川施餓鬼、地方によってもさまざまですが、人形供養や道具供養、針供養などあらゆるものに感謝の誠《まこと》を捧げてきました。ペット供養をペットブームだからと始めた業者とは立ち位置が違います。お寺には歴史の重さがあります。

そのため、お越しになった方々には、人間の場合と変わらない供養の仕方を説明します。意外にも年配の方より若い方のほうが熱心で、お仏壇やお位牌までそろえて、丁寧に勤められます。

ペット関連ビジネスが盛んな現在では、お位牌はクリスタル製やガラス製、アクリル製など写真付きのかわいいものが豊富にそろっています。けれども、圓福寺では、伝統的なお位牌がいちばん喜ばれます。なぜなら、飽きがこないからです。

たとえば、コンクリートやステンドグラスなど現代建築の立派な寺院が京都や奈良にでき上がったとしましょう。一度は物珍しく拝観したとしても、やはり、歴史を感じさせる伝統的な建造物のほうが落ち着くし、何度も訪れたくなるし、飽きがこないのです。

大切に守られて、伝えられてきたものには、説得力があります。それが、かつて仏教国だった日本のよさです。神仏習合で、自然に対する畏敬の念が、私たち日本人の魂に刻まれているのです。

一方、海や山の季節ごとに見せる景色はどうでしょう。手つかずの自然が織りなす美しい景色は、圧倒的な感動を私たちに与えます。

それが、自然の美しさなのです。そして、その自然の一部が動物たちです。そこにあるだけで、ここにいるだけで、その存在そのものが、奇跡のように美しく、尊く、ありがたいのです。

この子たちに出会えた――それは、苦労して登りきった険しい山の頂上で見る壮大な景色と同じなのです。言葉などいらない、目の前に広がる世界が、震えるような感動とともに全身に幸福感をもたらします。

出会えたことこそが幸せだったのです。

この世で、生き物は、六道《ろくどう》（下は奈落の底「地獄」から順番に「餓鬼」「畜生」「修羅」「人（間）」「天（上）」の6つの世界）を輪廻《りんね》する（＝六道輪廻）と仏教では考えられています。

お葬式のときに住職は引導を渡します。引導とは、衆生を苦しみの娑婆世界から、苦しみのない極楽世界へと導くこと。その儀式の言葉のなかに「上《かみ》は有頂《うちょう》より下《しも》は奈《な》落《らく》に至るまで、悪趣輪廻《あくしゅりんね》の里を離れて無漏《むろ》の宝国《ほうこく》に至れ」とあります。天国は、この世の一つの世界で、有頂天《うちょうてん》という世界です。不安定でいつでも堕天使のように堕ちてしまいます。

動物も人間も輪廻を繰り返すこの世では、よい行いをしないと、死んでも上には上がれません。

仏教では、この世は苦の世界、一切皆苦と説きます。四苦八苦は避けられないからです。そのため、住職が、伝統的な儀式と作法に則って、お葬式をします。そして、この世での未練を断ち切って、極楽世界に生まれるのです。

極楽浄土に生まれるということは、成仏するということです。成仏とは仏になることですから、ワンちゃんも仏さまの姿に生まれ変わるのです。

極楽世界は、苦しみのない世界です。ですから、会いたい人や会いたい子たちと会えない苦しみはないわけです。必ずもう一度会えるからです。

仏の姿に変わってしまったら、わからない。そんな心配もありません。苦しみがないのですから、同じ蓮華《れんげ》の上で再会できるのです。

もし飼い主さんが亡くなって極楽世界で会えたら、きっとワンちゃんは、「お父さん、お母さん、おかえりなさい。素晴らしい人生でしたね。私はいつもちゃんと見ていましたよ」

と言ってくれるでしょう。また、そう言って、大切なワンちゃんたちと、私たちは極楽世界で再び会えます。

私も、クリやメメをはじめ、たくさんの大好きなワンちゃんたちに極楽世界で会えると思うと、死ぬのが楽しみなのです。

「会者定離《えしゃじょうり》は常の習い、今始めたるにあらず。何ぞ深く歎《なげ》かんや。宿縁空しからずば同一蓮に座せん」

法然上人の言葉です。

私たちは大事な人と会ったら必ず離れるという定めがあるけれども、これは常の習いだから、今に始まったことではない。そんなことで、なぜ深く嘆くのだ。それよりも、宿縁という尊い縁がある。この世でお念仏とのご縁を結び、お念仏をとなえた人は、極楽浄土へ往生《おうじょう》させていただくことができる。そして大事な人と極楽浄土に咲いている台座に座ることができる、とおっしゃっています。

つまり、極楽浄土で再会できますよ、ということなのです。

ペットを亡くして深く嘆くよりも、感謝をして毎日を過ごしましょう。感謝というものは、幸せを呼ぶ最高の方法です。

この子と出会えて本当によかったと気づいたときに、自然に感謝の心と幸せな気持ちが湧いてくるのです。それが私たちが説く念仏の生活です。

おわりに

愛犬が教えてくれる、よりよい生き方

私の尊敬する偉人の一人、二宮尊徳のお言葉に、

音もなく香《か》もなく常に天地《あめつち》は書かざる経を繰り返しつつ

とあります。大自然は、常に私たちに尊い教えを説き続けています。お釈迦様は、すでに2500年も前から、この世は全てが互いに寄り添い、支え合って、生かされていることを説かれました。この世は循環しています。

今になってやっと、循環型社会といって、地球温暖化による、地球規模の環境変化

を食い止めようと、エコだとか、ＳＤＧｓ（持続可能な開発目標）、脱炭素、省エネ等々、自然を大切にすることが重要なことに気づいています。

人間は、地球上の生命体の一つに過ぎません。人間のための地球ではありません。利益を優先するばかりに、自然を破壊し、環境まで変えてしまった人間の罪はとても大きいのです。便利さや快適さを求めてしまうのはわからないでもありません。しかし、駐車場では、今でもエンジンをかけて、エアコンの快適な空間でスマホを見ている方をしょっちゅう目にします。ものの消費が、企業の収益につながることもわかります。これだけリサイクルと言われても、ペットボトルや缶瓶のゴミは減らず、食糧危機と言われても、食品ロスや食品廃棄物など無駄な廃棄は減りません。

せめて、自然の美しい日本だけでも、世界の見本となるような国づくりが大切です。江戸時代まで日本は、１００パーセントの完全なリサイクル国家でした。紙一枚から排泄物まで循環させて、魚も農作物も豊かな日本でした。

西洋の建築や服装や持ち物に憧れて、それこそが成功の証と、お金があれば幸せだと時計や宝飾品、家に車と欲望に歯止めがきかず、求めるばかりで施しを忘れ、いつまでも心に平安は訪れません。

浄土のお経に「田があれば田を憂い、家があれば家を憂い、田がなければまた憂えて田あらんと欲し、家なければまた憂えて家あらんと欲す」とあります。

財産があっても、財産を守ることに心をくだき、お金がなければお金がほしいと悩みます。

法然上人のお言葉に「七珍万宝は、蔵に満てれども益もなし」とあります。

死は、誰にでも訪れます。そのときになって、あわてふためいてもお金や貴金属では死を免れることはできません。

本当に大切な宝物は、すぐそばにあります。この私を心配し、どんなときも寄り添い、いつもいつも心から大切に思ってくれる家族こそが、本当の宝物です。決してお金のように減ったり、取られたり、なくなるものではありません。美しい思い出こそが、かけがえのない宝物なのです。

夫から贈られた大切なブランド物の飾りを落としてしまったお母さんが、5歳の女の子が来る日も来る日も一人で探し続けてくれたとき、「もういいよ。もう十分だから」と言うと、「でもお母さんの大切な宝物でしょ」と涙を浮かべて告げる我が子の姿を見たとき、こんなにも自分のことを心配し、大切に思ってくれる我が子に、本当の大切な宝物が我が子であることに気づいた、まさに形ではなく、真心こそが、真の宝物だと気づくのです。

お仏壇には、ろうそく、お線香、お花をお供えします。それは、とても大切な意味があります。

お花は、花瓶の中に、色とりどりの切り花を供えますが、小さな花もあれば、大きな花もあります。赤い花があったり、白い花、黄色い花と色とりどりです。どの花も美しく、それぞれがそれぞれの色や形、大きさで、立派な一つの花束となります。人も動物も植物もみな、色も形も大きさも違いますが、花瓶に挿《さ》された花のように、みんなで寄り添い合って美しい姿となります。

お線香は、やさしい香りです。お香は、匂いが移ります。浄土のお経のなかに、「戒香薫修《かいこうくんじゅう》」とあります。正しい行いは、自然と身につくと言うことです。

動物供養に、ご家族でお越しになった5歳の男の子が、一人玄関で家族が脱ぎ散らかした靴を、正座して一つ一つきれいに整え、並べていました。私は、感動して、思わず手が合わさりました。普段から幼稚園でお友だちが脱ぎ散らかした靴も並べてあげているのでしょう。

美しい心を保つように心がけることで、それが自然と身に染みて行動となって表れる、それがお線香の表す世界です。

ろうそくは、太さによって光の大きさが、長さによって時間も違います。私たちも寿命は、人それぞれです。短い命もあれば、長生きする方もいます。けれど、与えられた命の炎を燃やし続けることが大切なのです。どんなに小さなろうそくでも、たくさんのろうそくに火をともすことができます。それでも炎はいくら分けても小さくなったり消えたりすることはありません。燃え尽きるまで、火を分け与えることが出来るのです。

突然の風に消えることもあるでしょう。けれども、また火をともせばいいのです。火を分けてもらえばいいのです。火は光を放ちます。暗闇に迷うことなく、やさしい光を放ちます。停電のとき、ほんの小さなろうそくの光があれば、どんなに安らぐことでしょう。

「径寸十枚《けいすんじゅうまい》、是《こ》れ国宝にあらず、一隅《いちぐう》を照《てら》す、此《こ》れ則《すなわ》ち国宝なり」と。最澄《さいちょう》上人のお言葉です。

まさに、真実の宝は、暗く落ち込んだ寂しい人に光を届けることのできる人、そんな人生を歩むことなのです。世のため人のために、自分のできる範囲で、精いっぱい、命の炎を燃やし続ける、まさにそれこそがこの命を使わせていただく使命なのです。

家族として迎え入れた動物たちが、最後の最後まで、輝くように生き続けたことに気づき、自分が失った悲しみや苦しみで生きるのではなく、その恩に報いる生き方をすることこそが肝要なのです。

本書では、愛犬のエピソードを中心として、大切な心構えや、よりよく生きる道を仏教の知恵を通じて学んでいただければと思っています。

ですので、愛犬だけでなく、大切な家族との別れに際し、どのような心持ちで過ごすべきか、その一助になれば、と思います。長く手元に置いて、気づいたときにまた、読み直していただければ幸いです。

最後に、法然上人が浄土宗を開かれて850年という記念すべき年に出版される尊い仏縁に感謝の意を表し、出版にご尽力を賜った青春出版社の野島純子さん、及び編集部の皆様、そして、何よりも私の書いた文章を世に出すべきと、何度も出版社へつないでくださった、マナー界のカリスマと称される西出ひろ子さんに心から厚く深くお礼申し上げます。

合掌

著者紹介

小島雅道
愛知県岡崎市の深草山真宗院元総本山大本山圓福寺第八十五世住職。
1962年京都市生まれ。龍谷大学文学部卒業。京都市の法雲寺住職を経て1998年より現職。多くの記念講演のほか、法話や説教には定評があり、感動で涙が出ると人気。また、ペット供養の依頼も多く、人間だけでなく動物など生きとし生けるものすべてを慈しみ、ペットロスになる人々の心をも癒している。

深草山真宗院元総本山大本山圓福寺
http://enpukuji.net/
円福寺動物霊園
http://enpukuji.com/

愛犬《あいけん》が最後《さいご》にくれた「ありがとう」

2024年２月５日　第１刷

著　者　小島雅道《こじまがどう》

発行者　小澤源太郎

責任編集　株式会社プライム涌光
電話　編集部　03(3203)2850

発行所　株式会社青春出版社
東京都新宿区若松町12番1号〒162-0056
振替番号　00190-7-98602
電話　営業部　03(3207)1916

印刷　大日本印刷　　製本　フォーネット社

万一、落丁、乱丁がありました節は、お取りかえします。

ISBN978-4-413-23342-2 C0095